VOL. 31

Dados Internacionais de Catalogação na Publicação (CIP)
(Câmara Brasileira do Livro, SP, Brasil)

Prado, Emilio.
    Estrutura da informação radiofônica / Emilio Prado ; [tradução de Marco Antonio de Carvalho]. – São Paulo : Summus, 1989.
    (Novas buscas em comunicação v. 31)
    Bibliografia.
    ISBN 85-323-0312-9
    1. Comunicação oral 2. Radiodifusão - Aspectos sociais 3. Radiojornalismo I. Título. II. Série.

                                        CDD-070.19
                                           -001.542
88-2323   -302.2344

Índices para catálogo sistemático:

1. Comunicação oral 001.542
2. Notícias radiofônicas : Comunicação de massa : Sociologia 302.2344
3. Rádio : Informações : Comunicação de massa : Sociologia 302.2344
4. Radiojornalismo 070.19

Compre em lugar de fotocopiar.
Cada real que você dá por um livro recompensa seus autores
e os convida a produzir mais sobre o tema;
incentiva seus editores a encomendar, traduzir e publicar
outras obras sobre o assunto;
e paga aos livreiros por estocar e levar até você livros
para a sua informação e o seu entretenimento.
Cada real que você dá pela fotocópia não autorizada de um livro
financia o crime
e ajuda a matar a produção intelectual de seu país.

Estrutura da informação radiofônica

Emilio Prado

summus editorial

Do original em língua espanhola
ESTRUCTURA DE LA INFORMACIÓN RADIOFONICA
Copyright© 1985 by Emilio Prado
Direitos desta tradução adquiridos por Summus Editorial

Tradução: **Marco Antonio de Carvalho**
Capa: **Roberto Strauss**

Summus Editorial
Departamento editorial:
Rua Itapicuru, 613 – 7º andar
05006-000 – São Paulo – SP
Fone: (11) 3872-3322
Fax: (11) 3872-7476
http://www.summus.com.br
e-mail: summus@summus.com.br

Atendimento ao consumidor:
Summus Editorial
Fone: (11) 3865-9890

Vendas por atacado:
Fone: (11) 3873-8638
Fax: (11) 3873-7085
e-mail: vendas@summus.com.br

Impresso no Brasil

NOVAS BUSCAS EM COMUNICAÇÃO

O extraordinário progresso experimentado pelas técnicas de comunicação de 1970 para cá representa para a Humanidade uma conquista e um desafio. Conquista, na medida em que propicia possibilidades de difusão de conhecimentos e de informações numa escala antes inimaginável. Desafio, na medida em que o avanço tecnológico impõe uma séria revisão e reestruturação dos pressupostos teóricos de tudo que se entende por comunicação.

Em outras palavras, não basta o progresso das telecomunicações, o emprego de métodos ultra-sofisticados de armazenagem e reprodução de conhecimentos. É preciso repensar cada setor, cada modalidade, mas analisando e potencializando a comunicação como um processo total. E, em tudo, a dicotomia teórica e prática está presente. Impossível analisar, avançar, aproveitar as tecnologias, os recursos, sem levar em conta sua ética, sua operacionalidade, o benefício para todas as pessoas em todos os setores profissionais. E, também, o benefício na própria vida doméstica e no lazer.

O jornalismo, o rádio, a televisão, as relações públicas, o cinema, a edição — enfim, todas e cada uma das modalidades de comunicação —, estão a exigir instrumentos teóricos e práticos, consolidados neste velho e sempre novo recurso que é o livro, para que se possa chegar a um consenso, ou, pelo menos, para se ter uma base sobre a qual discutir, firmar ou rever conceitos. *Novas Buscas em Comunicação* visa trazer para o público — que já se habituou a ver na Summus uma editora de renovação, de formação e de debate — textos sobre todos os campos da Comunicação, para que o leitor ainda no curso universitário, o profissional que já passou pela Faculdade e o público em geral possam ter balizas para debate, aprimoramento profissional e, sobretudo, informação.

ÍNDICE

Prefácio 9

Introdução 15

I. CARACTERÍSTICAS DO RÁDIO COMO MEIO
Influências Sobre a Mensagem 17

II. O RÁDIO. MEIO INFORMATIVO
Estrutura da Informação Radiofônica 27

III. A NOTÍCIA NO RÁDIO
Características e Estrutura 47

IV. A ENTREVISTA RADIOFÔNICA. TIPOS
Forma de Realização 57

V. A REPORTAGEM
Tipos e Formas de Realização 85

VI. FÓRMULAS PARA ORGANIZAR O DEBATE
NO RÁDIO 91

VII. A CRÔNICA 97

VIII. A PESQUISA 99

Bibliografia 100

PREFÁCIO

As técnicas do radiojornalismo não foram devidamente divulgadas no Brasil, quer em publicações, quer nas escolas de comunicação. Os cursos superiores existentes não dividem convenientemente a carga horária curricular de acordo com a opção do aluno. De uma forma geral, ensinam apenas o Jornalismo impresso. Isto porque a maioria esmagadora dos professores é oriunda de jornais e revistas, e também porque, no Brasil, o jornalismo eletrônico do rádio e da televisão recebe pouca atenção acadêmica. Os novos profissionais saem das escolas superiores sem condições de atuar no radiojornalismo. Não lhes foi ensinado que o rádio tem linguagem própria, que não se confunde nem com o jornal nem com a televisão. Daí a dificuldade de se contratar novos jornalistas de rádio.

A formação prática dos jornalistas de rádio se dá no dia-a-dia, já que as faculdades não formam. É importante lembrar que na atual fase do rádio o radiojornalista tem que saber falar. Não importa se ele é diretor, chefe de redação, editor, repórter, redator, apurador, produtor etc. Tem que saber redigir uma notícia e dizê-la no microfone. O rádio dinâmico, ágil, informativo, exige que todos falem. Acabou a era dos vozeirões no rádio. Hoje o ouvinte quer saber o conteúdo da notícia, credibilidade, facilidade de compreensão. Repito que em departamento de jornalismo todos devem saber usar o microfone, como em uma redação de jornal todos sabem escrever.

A organização da redação do rádio também tem suas características próprias. Não é a mesma da revista, do jornal ou da televisão.

A obtenção das notícias e informações é um processo contínuo, pois elas são consumidas imediatamente. Não dormem na redação. São imediatamente checadas e colocadas no ar. Por isso são altamente perecíveis. Daí a necessidade de novas notícias, dando continuidade aos fatos relatados.

A pauta do radiojornalismo deve ter condições de colocá-lo à frente dos demais meios de comunicação. Se não houver, o rádio perde sua característica de agilidade, imediatismo e instantaneidade.

Não se pode mais apoiar na fonte do jornalismo impresso, no antigo "gilete-press". Recortar notícias dos jornais e lê-las no ar. O radiojornalismo tem que estar sempre à frente dos jornais. Nunca a reboque. O rádio repercurte hoje as notícias que o jornal vai publicar amanhã. As fontes de notícias têm que ser dinâmicas e de credibilidade. Não existe "furo" no radiojornalismo. Mas "barriga" existe. Não se pode, afoitamente, correr para o microfone e dizer "o papa morreu", para daí a poucos minutos voltar e dizer "lamentamos informar que o papa não morreu". Costuma-se dizer que notícia de morte, só com atestado de óbito. A notícia pertence à rádio na qual se ouviu a notícia. Como a audiência é rotativa, a notícia passa a existir para o ouvinte a partir do momento em que ele ligou o rádio em uma determinada estação, mesmo que uma concorrente venha noticiando há mais tempo.

A prática do radiojornalismo tem demonstrado que a credibilidade é difícil de se conseguir e fácil de se perder. Especialmente em um veículo em que se consome novas notícias a cada instante e cuja comprovação de veracidade é testada pelo ouvinte. Quando o repórter de trânsito diz que tal avenida está congestionada, quantos naquele momento não ouvem no rádio de seus carros no meio do congestionamento? Quando o repórter setorista do aeroporto diz que ele está aberto para pousos e decolagens, quantos viajantes não estão programando o seu dia em cima dessa informação? É logo avaliada sua procedência ou não. Não cabe no radiojornalismo a euforia do "fui o primeiro a dar a notícia". E sim "demos a notícia corretamente". A instantaneidade do veículo não é constituída pela afobação, nem pela ansiedade de se colocar a notícia no ar, a qualquer custo, antes dos concorrentes.

A legislação, teoricamente, favorece os que se dedicam ao radiojornalismo, haja vista que exige um percentual de notícias por hora em todas as emissoras. Contudo, na prática, isto não ocorre. Na Grande São Paulo existem 44 emissoras de rádio, com oito ou nove departamentos de jornalismo. A maioria tem um funcionamento não qualificado, que recorta jornal e leva ao estúdio. De um modo geral, as emissoras de FM aceitam apenas notícias engraçadas, descomprometidas, otimistas, dirigidas ao "público jovem". Os programas policiais, de grande audiência, criam em cima de fatos.

Escapam do campo jornalístico e partem para o da literatura de ficção. Apoiados em nomes de vítimas e agressores, e de fatos acontecidos, criam uma história irreal, mas que cativa massas de ouvintes. Os protagonistas dos fatos reais não se reconhecem no programa, pois jamais disseram palavras ou praticaram atos que lhes são atribuídos. Com maior liberalidade, e sem nenhuma responsabilidade civil e criminal, chamam-se pessoas de assassinos, ladrões, contrabandistas etc. Neste tipo de programa ninguém é suspeito de nada. É ou não é culpado. O critério de julgamento não cabe à justiça, e sim ao produtor-apresentador do programa. Assaca-se contra a honra alheia e nada acontece. Os autores e responsáveis pelos programas policiais também se incluem no espaço dedicado ao radiojornalismo. Algumas histórias são totalmente fictícias. Criadas pela produção, são depois levadas ao ar como verdadeiras e até submetidas ao julgamento dos ouvintes, através de participação por telefone. Obviamente isto contribui para desgastar a credibilidade do veículo como um todo.

Algumas pesquisas têm revelado o rádio, especialmente o radiojornalismo, em situações curiosas. A revista *Imprensa* publicou, recentemente, o resultado de uma pesquisa que de todos os veículos, o de maior credibilidade era o rádio. Já para a Grotera e Cia: "O rádio, contrariando a tese, aparece como o quarto meio citado. Isso, a nosso ver, se deve basicamente ao fato de que o rádio, como meio de comunicação, é consumido de maneira quase que maquinalmente, pelo menos no que diz respeito à informação. Nos parece que a informação no rádio é recebida muito mais como entretenimento e dentro do espírito de "companheiro" do que propriamente uma forma de se atualizar. Isso justifica o fato de que os programas radiojornalísticos líderes de audiência têm um tratamento, a nível de forma e linguagem, quase igual ao de um *show*, reforçando esse lado de entretenimento. Contudo existem outros aspectos relevantes a ser considerados".

Os radiojornais estão concentrados nas pontas do dia. Ou pela manhã ou à noite. É um fato notável que emissoras consigam manter no ar noticiosos com três horas e meia de duração, como a Rádio Bandeirantes SP (*Pulo do Gato*, *Primeira Hora* e *Jornal Bandeirantes Gente*); Rádio Excelsior SP (*Jornal da Excelsior — Edição da Manhã*); ou de três horas como a Rádio Jovem Pan SP (*Jornal da Manhã*) ou Rádio Eldorado SP (*Jornal da Eldorado*). No período da tarde novos radiojornais vão ao ar, porém com menor duração. Ainda assim não se tem entre nós emissoras do tipo "All News", como se conhece nos EUA. É possível que em curto espaço de tempo se chegue lá, com emissoras de AM.

A veiculação de notícias tem um caráter eminentemente local. Os ouvintes buscam o noticiário nacional e internacional só se houver grandes temas. O que mais prende o ouvinte é a notícia local e regional. Daí o desinteresse da grande maioria por noticiário captado em onda curta. Passou o tempo que as comunidades do interior ficavam ligadas nas notícias das capitais. Aquele sentido do "rádio de integração nacional" acabou. Hoje, existem emissoras locais em quase todos os municípios, tanto em AM como FM. Não há facilidade de penetração de onda distante. E mesmo as mídias quando inserem publicidade consultam pesquisa de quantidade e qualificação locais. Não se veicula um *spot* ou *jingle* para vender um produto não se sabe onde. A direção da mensagem é o local e a resposta comercial. O caráter nacional de comunicação deslocou-se do rádio para a televisão. Inclusive nos noticiários, que ganham grande audiência, como o Jornal Nacional da Rede Globo de televisão.

No passado a integração nacional via rádio foi bem explorada, especialmente nas décadas de 40 e 50. Getúlio Vargas soube explorar bem o veículo rádio, tanto para se manter no poder como veicular notícias que lhe interessavam enquanto representante daqueles que estavam no poder.

Hoje é suficiente que a onda atinja uma região geográfica menor. Isto pode ser coberto por emissoras AM ou FM. Contudo as notícias estão agrupadas nas AM. A freqüência modulada foi reservada, não se sabe por quem, para programas musicais. Não há espaço para o radiojornalismo, salvo exceção. Muita música, muito embalo e pouquíssima notícia. Especialmente aquelas que possam tirar o clima de otimismo e euforia que se quer transmitir. Este é o espaço a ser conquistado pelo radiojornalismo.

Heródoto Barbeiro

INTRODUÇÃO

Este texto pretende ser uma ferramenta de trabalho para os estudantes de jornalismo radiofônico. O rádio é o sistema de distribuição de mensagens mais extenso, ágil e barato com que conta a sociedade atual. Nenhum outro meio pode competir com sua modalidade e é por isso que a notícia veiculada pelo rádio é a primeira.

Mas essas vantagens estabelecem algumas obrigações, certas condições que modificam a mentalidade jornalística clássica.

O jornalista deve fazer uma mudança radical em sua mentalidade informativa quando escolhe esse meio de comunicação. Esta mudança tem relação com dois aspectos principais. Primeiro: a estrutura da informação radiofônica tem pouco a ver com a mídia impressa. Segundo: é necessária uma outra atitude vital diante das notícias.

As estruturas funcionais que aqui se propõem são dinâmicas em si mesmas como o é o rádio, mas estão dirigidas pela tentativa de compreender o meio em si mesmo — longe do servilismo histórico imposto ao rádio pela "prestigiosa" cultura impressa.

O desconhecimento dessas estruturas leva a uma subutilização das possibilidades desse meio, diminuindo a eficácia em sua utilização clássica e impossibilitando qualquer alternativa.

I. CARACTERÍSTICAS DO RÁDIO COMO MEIO INFLUÊNCIAS SOBRE A MENSAGEM

Quando pensamos nas características da tecnologia do rádio imaginamos imediatamente que essas características estão a serviço de um meio de comunicação. E ao tentar expressar esses pensamentos através da linguagem, tropeçamos na utilização dos verbos no condicional, dada a utilização que hoje em dia se faz desse meio. Esta circunstância obrigava Bertolt Brecht a expressar-se assim já em 1932, em seu artigo *Teoria do Rádio*: "A radiodifusão poderia ser o maior meio de comunicação já imaginado na vida pública, um imenso sistema de canalização. Isto é, seria, se fosse capaz não apenas de emitir, mas também de receber; em outras palavras: se conseguisse que o ouvinte não apenas escutasse, mas também falasse, que não permanecesse ilhado, mas relacionado".

Essas potencialidades que Brecht enumerava e que estão contidas na essência desse veículo não foram levadas à prática nem mesmo na atualidade, como conseqüência da estrutura com que se organizou o invento. A estrutura de atuação, pelo contrário, limitou ao máximo os canais de participação, despersonalizando a audiência, individualizando e ilhando ao máximo cada ouvinte, até criar uma relação ilusória interpessoal entre o emissor e o receptor, exercendo influência através da persuasão. Em outra estruturação que inter-relacionasse a fonte e o receptor seria possível conseguir a "comunicação coletiva ideal", cujo objeto último é a "interação", ou melhor, o processo de ascensão mútua de papéis por ambas as partes. Mas sem o cômodo recurso da tentativa abusiva de persuasão unidirecional, e sim recorrendo à informação e estímulo social, assim como ao debate e ao intercâmbio dos papéis, com a desaparição ou atenuação da divisão absoluta entre emissor e receptor. (Orive, 1978:212)

Pois bem, em sua organização tradicional, o rádio utiliza o esquema comunicativo clássico: emissor-meio-receptor. Este esquema é unidirecional, vertical e hierárquico, características estas que impedem a comunicação. Um meio organizado sob este esquema não é um meio de comunicação, mas um canal de distribuição de mensagens-mercadoria.

Não obstante, inclusive nesta estruturação, o veículo possui características como a instantaneidade, a simultaneidade e a rapidez. Todas elas contribuem assim para fazer do rádio o melhor e mais eficaz meio a serviço da transmissão de fatos atuais. Em vista de tudo isso, é fácil concluir que o rádio é o meio informativo mais adequado.

Outras características deste meio de transmissão de mensagens corroboram tal hipótese. Entre elas, a capacidade do rádio de ser entendido por um *público muito diversificado*, por não exigir um conhecimento especializado para a decodificação e a recepção nas condições mais diversas, todas elas favorecidas pela autonomia concedida ao aparelho receptor a partir do invento do transistor.

Não acabam aqui as características específicas deste meio. Também as menos positivas devem ser lembradas, já que influirão de forma determinante na redação radiofônica. Entre estas, deve-se mencionar a *falta de percepção visual* entre emissor e receptor. Claro que este inconveniente dá origem a outra característica positiva, que é a capacidade de sugestão que exerce sobre o ouvinte, que tem que criar mentalmente a imagem visual transmitida pela imagem acústica.

Existe ainda uma outra característica que influirá na redação radiofônica: o *condicionamento temporal* que sofre a decodificação. Esta, ao ser realizada pelo ouvido, somente pode ser feita no presente, determinando assim a permanência das mensagens.

Finalmente, podemos enumerar o *feedback*, a retroalimentação do sistema. Esta característica é utilizada como fórmula simbólica de bidirecionalidade quando de fato é apenas um "eco".

Como conseqüência de todas essas características surge uma série de "fatores de eficácia" da mensagem radiofônica.

A *clareza* é a primeira delas e tem duas facetas: a técnica e a enunciativa. A técnica determina uma transmissão adequada, sem ruídos no processo e com uma combinação adequada dos recursos expressivos do veículo. A clareza enunciativa tem, por sua vez, dois aspectos: o da redação e da locução.

A *locução* no terreno informativo, aspecto que nos ocupa, deve ser responsabilidade da mesma pessoa que elabora os textos, rompendo assim com a expressão fria, impessoal, de máquina falante, que veiculam os locutores profissionais quando lêem um texto jornalístico. Esta arrogância clássica contribui para estabelecer uma barreira entre emissor e receptor, situando aquele em um lugar inaceitável para o ouvinte, que vê assim aumentadas as dificuldades de interação que por si mesmas tem o rádio na sua estrutura atual.

Para um rádio informativo ágil e dinâmico é absurdo a divisão entre redação e locução. Estas duas ações devem confluir na mesma pessoa, com o que se ganhará autenticidade na expressão. Ou seja, se ganhará se os redatores não tentarem imitar os locutores que devem substituir, coisa que ocorre com freqüência no rádio espanhol. Conseqüência disso é que as qualidades expressivas não melhoraram, e sim pioraram, ao se tentar reproduzir as cantilenas dos locutores famosos, mas sem dominar os recursos fônicos como eles.

A locução informativa deve ser *natural*. Os textos não são lidos, devem ser ditos. O jornalista radiofônico, que lê os textos que ele próprio elabora, deve sentar-se ante o microfone com a atitude de quem vai explicar algo a um público heterogêneo, deve concentrar-se no que está dizendo, não "colocar" a voz e encontrar um ritmo acertado — que varia em cada tipo de programa —, nem demasiado apressado nem demasiado lento. O ritmo excessivamente rápido cria uma tensão insuportável em espaços de tempo prolongados; e o demasiado lento provoca desinteresse e sonolência, além de desperdiçar o tempo, que no aspecto informativo é muito importante.

Se o jornalista que lê seus textos consegue ser natural, criará um estilo próprio que será muito mais pertinente que qualquer imitação do estilo dos locutores famosos a quem se proponha a imitar. Neste sentido, deve evitar um tom de voz que "suscite a idéia de uma alocução complicada, de distribuir ensinamentos, de um discurso, de uma mensagem desde o alto. Precisa falar de igual para igual, de cidadão livre para cidadão livre, de cérebro opinante para cérebro opinante". (Gadda, 1973:22)

Conseqüentemente, a eficácia da mensagem será alta se se exclui o tom acadêmico e doutrinário que faz com que em especial alguns comentaristas apareçam ante o ouvinte como um mestre, um profeta ou um juiz. Este caso é muito comum entre os repórteres esportivos do rádio espanhol, conseqüência sem dúvida da época franquista, na qual o esporte era o único âmbito informativo que podiam praticar todas as emissoras. O tom de informante, de interlocutor, de amigo, é, sem dúvida, muito mais positivo.

A naturalidade implica alguns erros e equívocos em algumas ocasiões, incidentes que se produzem muito escassamente no caso de locutores profissionais. "Os erros mortificam o locutor e divertem os ouvintes." (Newman, 1966:31).

Não que reivindiquemos uma expressão cheia de erros e equívocos: mas, em qualquer caso, consideramos que a estética das máquinas falantes sem equívocos (imperante no rádio oficial), mais do que uma eficácia na mensagem, produz um efeito distanciador. Esta estética se deve mais à preocupação de manter um certo pudor profissional do que a critérios de eficácia.

Como alternativa para essa atitude surge a *estética do erro* que consiste na repetição de termos e em cometer pequenos erros premeditados. Esta ação produz uma aproximação entre emissor e receptor, uma certa cumplicidade amigável e, em definitivo, uma humanização da expressão que favorece a criação de um clímax comunicativo. É preciso insistir no fato de que estes erros, para que cheguem a ser uma estética, não podem ser muito abundantes e, sobretudo — como são premeditados —, devem produzir-se em lugares lógicos no desenrolar da expressão para que não dificultem a compreensão.

Outra coisa bem diferente são os erros involuntários. Estes devem ser evitados, já que muitos enganos na leitura de um texto produzem confusão nos ouvintes, como conseqüência da perda de sentido.

No caso de se produzir um erro, o jornalista deve julgar sua importância. Se o erro não produz uma confusão importante ou uma mudança de sentido na frase, não é necessário corrigi-lo. No caso de se considerar necessário a repetição correta, esta deve ser feita com naturalidade, sem pressa nem irritação desnecessárias, sendo igualmente desnecessário pedir desculpas aos ouvintes.

Para evitar os erros involuntários é conveniente que o jornalista leia em voz alta seu texto. Isto, além de demonstrar-lhe se a redação está adequada, poderá colocá-lo a par das dificuldades específicas de leitura que o texto exige.

Uma vez conhecidas essas dificuldades, o redator poderá substituir (quando for possível) aquelas palavras que representam uma dificuldade de pronúncia por um sinônimo mais fácil. Se isto não é possível, marcará a palavra, separando-a em sílabas, com o que — devido ao fato de que o olho sempre lê duas ou três palavras adiante da voz — poderá concentrar-se na pronúncia exata do termo.

Na locução intervêm quatro variáveis importantes: a vocalização, a entonação, o ritmo e a atitude.

Uma *vocalização* clara facilita a compreensão de um texto. Habitualmente, quando falamos, não nos esforçamos em pronunciar todas as sílabas ou em atribuir a cada letra o seu som exato. Isto não é uma dificuldade na comunicação interpessoal, que conta com outros recursos expressivos da linguagem não-verbal. Em troca, no rádio carecemos destes apoios e é por isso que uma boa vocalização adquire uma relevância vital, sobretudo se se tem em conta que os ouvintes de rádio não têm oportunidade de pedir esclarecimentos.

Aquelas pessoas que se põem pela primeira vez a ler um texto ante um microfone descobrem, com assombro, a sensação de ter uma língua enormemente grande, que tropeça nos lugares mais insólitos: nos lábios, nos dentes, no palato. Esta sensação dura pouco tempo e desaparece com a prática.

Abrir os dentes e os lábios, como numa gesticulação exagerada, é um recurso que facilita a produção de sons definidos. Um exercício que facilita a vocalização é a leitura de um texto com um objeto na boca, esforçando-se por falar o melhor possível que permita tal objeto. Pode ser um lápis, uma caneta ou qualquer objeto semelhante que possa ser introduzido entre os dentes em sentido horizontal e o mais profundo possível.

O exercício deve ser feito com o lápis seguro entre os dentes, com o que a língua tropeçará em um obstáculo que lhe fará adquirir flexibilidade e se recolocar na cavidade bucal. Se se executa o exercício de uma forma constante, durante um tempo que pode variar em cada caso — em geral deve bastar a leitura de textos durante dez minutos por um período de quinze dias —, os avanços são notáveis e comprováveis a cada dia, através da gravação da leitura do texto antes e depois de cada exercício.

Para que os progressos se consolidem é preciso executar tais exercícios com constância sistemática e não abandoná-los ao notar os progressos que se produzam nas primeiras sessões.

A *entonação* radiofônica se diferencia da entonação clássica que adquire a leitura de textos em voz alta. Desde sempre se toma como norma de entonação a leitura em tom constante, que somente se vê alterada quando aparece um sinal de pontuação gráfica, em especial as vírgulas e pontos finais. Esta leitura monótona se altera com uma desproporcionada subida de tom ao emitir os sons correspondentes às ultimas sílabas, que aparecem antes do sinal de pontuação.

Como o texto, nesses casos, não foi concebido para ser lido em voz alta, geralmente o leitor chega aos sinais de pontuação com muito pouco ar, o que o obriga a subir o tom.

Pois bem, o informante radiofônico deve evitar este tipo de leitura, coisa que já se afastará se — como dissemos — pensa em *dizer* as coisas e não em lê-las. A entonação radiofônica deve descrever uma curva variável, como a que seria a expressão oral cotidiana, e, desta forma, não se deverá esgotar todo o ar dos pulmões, mas sim este irá se renovando constantemente nos lugares de expressão que, por sua entonação, deixem que a tomada de ar não represente um "ruído" no processo comunicativo.

A dificuldade de respiração também se supera com a prática. Contribui para isso a respiração abdominal, na qual os pulmões deslocam as vísceras no lugar do tórax, com a qual o esforço é muito menor.

Por outro lado, em lugar de elevar o tom nas sílabas finais, a tendência geral será pronunciá-las em um tom mais baixo, quase aspirando-as.

Como exercício prático para melhorar a entonação, recomendamos a leitura de um texto dramatizando-o até as lágrimas, inicialmente, e do riso às gargalhadas, logo em seguida. Tanto em um caso como em outro, este exercício não implica ler normalmente uma frase, parar e rir ou chorar, e sim expressar-se rindo ou chorando.

Depois deste exercício, deve-se ler o texto seguindo os modelos de leitura radiofônica informativa, e os avanços podem ser constatados depois de algumas sessões.

No que se refere ao *ritmo* — como já adiantamos —, este tem um papel importante, dado que ele depende em grande parte que o ouvinte ouça ou escute e, de qualquer forma, que passe de um estado a outro.

O ritmo, portanto, não pode ser constante. Se fosse assim, se converteria inevitavelmente em monótono-dissipador (o rápido) ou em monótono-tedioso (o lento). Deve-se desenvolver uma combinação de ritmos — mais rápidos e mais lentos — que reproduza as variações que se efetuam na expressão oral, em função da fluidez das idéias. Quando falamos, articulamos as idéias em diferentes velocidades, em função do que nos vai ocorrendo constantemente e dos estímulos que recebemos de nossos interlocutores. Pois bem, este esquema é o mais adequado para o rádio.

Deve evitar-se, além disso, que as mudanças de ritmo se produzam seguindo algumas constantes cíclicas que também o tornam monótono e dão lugar ao que poderíamos chamar de "cantilenas".

Para adquirir esta técnica pode servir o seguinte exercício: lê-se um texto primeiro com a máxima lentidão. Quer dizer, soletrando de uma forma constante e não pronunciando normalmente as palavras ou sílabas e deixando um espaço entre cada uma delas. Depois, lê-se o texto o mais rapidamente possível, tendo o cuidado de pronunciar todos os sons de forma que seja compreensível. Finalmente, se lê o mesmo texto alternando a leitura rápida e a lenta. Depois destes exercícios, ao ler o texto seguindo os modelos de ritmo dos quais falamos, deve-se notar a diferença.

Quanto à *atitude*, deve-se dizer que ela dependerá em grande medida da posição do ouvinte ante o tema e ante o programa, e disso se deve cuidar especialmente.

Uma atitude demasiado seca ou demasiado alegre vai levar a uma reação negativa com respeito à eficácia da mensagem. A primeira provoca um distanciamento entre a fonte e o receptor, e a segunda tira a credibilidade.

A tendência deve ser a de expressar-se amigavelmente, mas sem uma afabilidade excessiva e fictícia, que causaria efeitos contrários aos desejados.

Um exercício interessante consiste na interpretação de um texto como se se tratasse de um discurso, ou como se fosse destinado a uma classe de alunos, passando finalmente a contá-lo como se faria em uma conversação familiar. Uma vez realizadas estas interpretações, o texto será lido seguindo o esquema marcado.

Todos estes exercícios devem ser aplicados ao mesmo texto na ordem que foram descritos, efetuando uma gravação antes e depois de realizados, com o intuito de constatar os avanços. Naturalmente, são pensados para pessoas que não têm dificuldades biológicas e sim vícios de expressão. No caso de ter dificuldades específicas, é recomendável visitar um fonólogo.

Seguindo com a enumeração dos fatores que influenciam na eficácia da mensagem radiofônica e ao teor da classificação que apontamos, é agora a vez da *clareza redacional*, que comporta a brevidade e sinceridade da expressão. Mas este tema é objeto de estudos mais amplos no capítulo seguinte.

Outro fator de eficácia é a *compreensibilidade* da mensagem informativa. Nela influi, além dos elementos já citados, o vocabulário utilizado. Dele dependerá, em última instância, a decodificação, ao lado das dificuldades que cada um tenha para compreender determinado tema. Os códigos utilizados devem ser acessíveis a todos os níveis culturais que compõem a audiência radiofônica. Se o sistema de símbolos utilizado pelo emissor é compreendido pelo sistema de símbolos de cada um dos níveis dos receptores, a eficácia comunicativa será máxima.

A *audiência* é outro fator de eficácia. Por isso somos obrigados a fazer um esforço para atrair a atenção do ouvinte. Deve-se dispor a mensagem e seu conjunto de forma que não seja absorvente, e sim que conceda espaços de *relax* que permitam passar do estado de escutar para o de ouvir e vice-versa, sem que com isso se percam elementos de compreensão da mensagem.

A audiência é determinada, além disso, pelo interesse que o ouvinte tenha sobre o tema, pelos recursos expressivos e sua combinação. Não se deve esquecer que o rádio transmite sons e, portanto, os fatos podem ser transmitidos com todo o seu contorno acústico. Por isso tem tanta importância a realização de um índice de audiência de um espaço.

II. O RÁDIO: MEIO INFORMATIVO. ESTRUTURA DA INFORMAÇÃO RADIOFÔNICA

No capítulo anterior afirmamos que o rádio é o meio de informação mais eficaz que existe, em função de suas características. Se a *atualidade* e a *rapidez* da difusão são os aspectos mais relevantes da informação, é evidente que a *simultaneidade* e a *instantaneidade* (características essenciais da tecnologia radiofônica) prestam um grande serviço à informação.

Para aqueles que estão pensando que a televisão também goza das mesmas características, sugerimos que pensem no deslocamento de equipes técnicas que devem atender à simultaneidade e instantaneidade, o que faz com que, de qualquer forma, seja o rádio quem vença o jogo da rapidez. O rádio será, pois, o primeiro a fornecer a "primeira notícia" sobre um acontecimento, e esta é uma das principais características do jornalismo radiofônico.

O papel do rádio como meio informativo não está, de qualquer forma, limitado a dar a primeira notícia, papel ao qual tentaram reduzir todos aqueles que — como afirmou Marshall Macluhan — tentam comprimir este "sistema nervoso de informação" em uma "informação nervosa do sistema", que se materializa nos resumos de dois minutos ou em pílulas de trinta segundos.

O rádio como meio informativo pode fazer um papel muito diferente. Além de transmitir o mais rapidamente possível os acontecimentos atuais, pode aumentar a compreensão pública através da *explicação* e *análise*. Este aprofundamento dos temas conta no rádio com a vantagem de poder ser exposto pelos seus conhecedores, sem passar pela peneira dos não conhecedores — neste caso os jornalistas — que apenas dariam a forma comunicativa adequada ao meio.

Pode-se contar, além disso, neste sentido reflexivo, com a capacidade de restituição da realidade através das representações fragmentárias da mesma, veiculadas com seu contorno acústico. Assim, frente à brevidade enunciativa da notícia radiofônica se situa a reportagem, a entrevista, a mesa-redonda, a explicação; em definitivo: O *rádio em profundidade*. "Deste modo o rádio se opõe às teorias que o situam como incapaz de uma comunicação de maior nível que a simples transmissão de notícias, quando a capacidade tem confirmado sempre o desconhecimento da natureza do fenômeno radiofônico." (Faus, 1973:194)

Em outras ocasiões, que são a maioria, o empenho se deve muito mais ao perfeito conhecimento do meio do que a seu desconhecimento. Nesta perspectiva, reduzi-lo a um meio que administra a "informação nervosa do sistema" contribui para oferecer uma visão parcial do meio ambiente, o que dificulta a compreensão dos fenômenos sociais.

A importância do rádio como meio informativo se deve ainda a outra característica: sua *capacidade de se comunicar* com um público que não necessita uma formação específica para decodificar a mensagem.

Este fato tem importância no caso de um público que não sabe ler, mas, sobretudo, adquire maior importância para todos aqueles que não querem ou não têm tempo para ler. Assim, o rádio tem um papel informativo relevante nas sociedades subdesenvolvidas, com uma porcentagem elevada de analfabetos. Este papel torna-se ainda mais importante nas sociedades mais desenvolvidas, nas quais a organização do tempo obriga aos buscadores de informação a procurá-la no rádio, o que lhes permite realizar outras ações simultaneamente. É preciso dizer ainda que, em geral, estas sociedades estão em pleno auge da cultura audiovisual, o que leva a um segundo plano a cultura impressa.

Existe um outro elemento que, dentro do próprio rádio, determina sua primazia como meio informativo. "Os programas de notícias ocupam geralmente o lugar mais elevado na preferência dos ouvintes." (Newman, 1966:148)

As mesmas características que fazem do rádio o meio informativo por excelência, influem e determinam a estrutura da informação radiofônica que — como afirmamos no capítulo anterior — tem duas características essenciais: brevidade e simplicidade. Ambas em função da clareza enunciativa, que contribui para a eficácia da mensagem radiofônica.

Ao escrever um texto jornalístico para o rádio é preciso sentar-se diante da máquina de escrever pensando que se vai elaborar um texto para ser ouvido, para ser contado, e não para ser lido. Esta atitude facilitará a difícil tarefa de oferecer em umas poucas frases, breves e simples, a mesma informação que no jornal ocupará vários parágrafos de elaboração literária "brilhante".

O primeiro elemento a levar em conta é a *pontuação*. Torna-se difícil mudar radicalmente os hábitos de pontuação que foram cultivados durante anos, mas é imprescindível fazê-lo. No rádio, a pontuação serve para associar a idéia expressada à sua unidade sonora e, portanto, para marcar unidades fônicas e não gramaticais, como é usual na cultura impressa.

Para marcar estas unidades fônicas só se necessitam dos sinais da ampla gama que nos oferece a escrita. Estes são a vírgula e o ponto.

A vírgula no texto radiofônico marca uma pequena pausa que introduz uma variação na entonação e dá lugar à renovação do ar, se for necessário. Não se deve utilizar este sinal se na expressão oral não é preciso realizar esta pausa, ainda que fosse correta sua colocação na redação impressa. Qualquer alteração nesta norma contribui para que a leitura desse texto seja mesmo uma "leitura", e não uma "expressão falada" de algumas idéias.

O ponto é o sinal que indica o final de uma unidade fônica completa. A resolução de entonação que marca o ponto pode ser de caráter parcial (no caso dos pontos que marcam o final de uma frase) e de caráter total (nos pontos que marcam o final de um parágrafo).

O ponto assinala ainda uma resolução de entonação a mais, que é aquela correspondente ao ponto que indica o final do discurso e que tem caráter culminante.

O ponto ao final de uma frase supõe uma pausa mais longa que a vírgula, e ao final do parágrafo indica uma pausa um pouco maior.

Se se aplica corretamente estes sinais, a respiração não terá dificuldade alguma e sua realização não suporá nenhuma distorção pela entonação.

O resto dos sinais são quase desnecessários em sua totalidade. Nenhuma razão justifica a utilização do ponto e vírgula (;), dois pontos (:), o ponto e hífen (. -). Quanto aos parênteses () e aos hífens (- -), deve-se ter em conta que sempre introduzem idéias adicionais que perturbam a compreensão da idéia principal que se estava expressando. Se levamos em conta que a decodificação se faz presente, o parêntese obriga o ouvinte a reter "na mente" a parte da idéia principal já emitida. Esta ação implica sempre a realização de um esforço suplementar para a compreensão da mensagem. Assim, devem ser utilizados somente em casos imprescindíveis e com uma norma suplementar: que contenham o mínimo de material possível.

O trecho que supõe um parêntese pode introduzir-se como uma nova idéia, que se inclui de forma natural na linearidade do discurso, através de conjunções tais como: ainda que, em tal caso, por outro lado, mas, todavia etc.

30

Estes recursos permitem incluir a idéia do parêntese com resultados que são muito mais positivos e eficazes.

As aspas ('') causam uma modificação no sentido do termo ou termos aos quais se aplicam. É muito difícil transmitir, através da entonação, a modificação exata que representam, e é por isso que não é aconselhável sua utilização. As aspas que se aplicam a citações textuais são um recurso gráfico que não tem tradução fônica e, portanto, não servem para a redação radiofônica. Quando se incluem citações, deve-se tentar que seja na voz do autor; e se isto não for possível, deve-se advertir claramente que se está citando textualmente. Esta explicação se repetirá tantas vezes quantas seja necessário, segundo a dimensão dessa citação.

Em definitivo, é necessário uma mudança total de mentalidade para escrever para o rádio. Esta mudança de mentalidade afeta três aspectos. O primeiro é o já tratado problema da pontuação. Os outros dois são: a estrutura gramatical e a linguagem.

A *estrutura gramatical* a ser utilizada no rádio deve buscar a *clareza* e a *simplicidade* expressivas. A clareza deve ser a principal característica da redação radiofônica, clareza extensiva a outros meios jornalísticos, porque responde ao que Núñez Ladeveze denomina ''funções jornalísticas da comunicação: rapidez de leitura, mínimo esforço de interpretação e máxima concentração informativa''.

Estas características são mais importantes no rádio, já que a decodificação — como repetimos incansavelmente — se efetua no presente e as mensagens não têm permanência no tempo nem no espaço. Em conseqüência, não podem ser revistas.

Existem duas razões a mais que aconselham a utilização de uma expressão clara e simples na redação radiofônica. A primeira é a diversidade do público e a segunda as diferentes situações da audiência.

O rádio se comunica com um público heterogêneo, composto pelos diversos escalões socioculturais e, conseqüentemente, com diferentes níveis de compreensão. Hoje, o público, em geral, não é muito especializado e é preciso conseguir que as mensagens radiofônicas possam chegar a todos os escalões da audiência, captando o interesse de cada um.

A essa heterogeneidade deve-se somar as diferentes situações em que se encontra o receptor no momento de efetuar a decodificação. O rádio, devido a sua mobilidade, facilita que a recepção da mensagem seja compatível com outras atividades, em especial com as que têm caráter manual. Assim, temos ouvintes que estão dirigindo, trabalhando em uma fábrica, no campo, ou em casa etc. Estas situações são múltiplas e diversas, mas todas elas exigem uma parte da atenção da pessoa dedicada à sua execução. Desta forma, a decodificação de uma mensagem com uma estrutura expressiva complexa ou obscura será praticamente impossível.

Deve-se ter em conta que o ecossistema, os diversos ecossistemas da audiência condicionam em definitivo a compreensibilidade de uma mensagem. Estas duas variáveis — diferentes ecossistemas e heterogeneidade da audiência, além de outras condições até agora expressadas — exigem a utilização de uma estrutura gramatical elementar e linear.

As frases devem ser curtas, mas isso não é tudo. Uma frase breve não é garantia de uma expressão lógica se não está acompanhada de uma estrutura linear, um desenvolvimento lógico da idéia que contém. Para isso é preciso recorrer à estrutura gramatical mais simples, que é aquela composta por sujeito-verbo-complemento.

Ao contrário do que se poderia pensar, não é fácil escrever dessa forma. Habitualmente o fazemos de uma maneira muito mais complexa.

O que segue é um exemplo bem demonstrativo. Esta informação reúne a maioria das características da redação radiofônica, mas em seu lado negativo. Não se trata de um exemplo único em seu gênero. Basta sintonizar qualquer dia os informativos de uma emissora à sua escolha para encontrar pérolas como esta.

(Para dar-se conta do alcance dos exemplos que estamos citando é preciso lê-los em voz alta.)

A região de Murcia e zonas próximas foram as mais beneficiadas, nas últimas horas, pelas intensas chuvas que, em algumas partes dos campos chegaram a somar quarenta litros ontem e vinte e cinco esta manhã, na região de Santomera. Por outro lado, salvo em algum ponto do campo de Cartagena, Fuenteálamo com dez litros por metro quadrado, a quantidade recolhida tem sido praticamente inapreciável, especialmente na zona Norte e no vale de Guadalentín, segundo nos informa a Câmara Agrária da província.

Em particular, o campo resolve muitos dos problemas surgidos com a seca, enquanto, em geral, se considera que a quantidade de água é insuficiente e ainda se espera que as previsões meteorológicas para este fim de semana se cumpram, com o que o panorama se tornaria mais otimista.

Diário falado das duas da tarde da R.N.E.
13 de fevereiro de 1981

As formas complexas podem representar uma riqueza expressiva na literatura, mas são um obstáculo para a compreensão no rádio.

É mais fácil escrever com uma estrutura simples se tentamos dar uma idéia em cada frase. Claro que nem sempre é possível expor uma idéia com um sujeito, um verbo e um complemento, e neste caso é preciso colocar o material adicional em um lugar da frase que não corte o seu desenvolvimento lógico. Evitemos sempre a colocação de cláusulas adicionais entre o sujeito e o verbo. Se se incluem muitas, o ouvinte deve fazer um esforço de compreensão para interligar a ação do verbo ao sujeito que já havia sido expressado anteriormente.

Pela mesma razão não devem ser utilizadas as frases subordinadas e sim as coordenadas, que, além disso, introduzem a redundância temática, categoria positiva no discurso radiofônico.

Para evitar a monotonia que supõe uma frase curta após a outra dispomos de dois recursos. Um deles é a combinação das frases simples com aquelas outras às quais se juntou material adicional. O outro são os enlaces de entonação que dão continuidade às idéias.

Pelas razões já expostas, deve-se evitar a formulação das frases em negativo, pois é muito mais inteligível a formulação em posivito. O mesmo se pode dizer da "negação da negação" que deve expressar-se positivamente.

Em definitivo, trata-se de escrever em um estilo coloquial. Se observarmos as formas de conversação cotidiana, constataremos a utilização de estruturas expressivas lineares que são as mais adequadas para a comunicação oral.

Sobre o tamanho ideal das frases não existem estudos precisos. O número ótimo de palavras varia segundo o idioma, o nível cultural do ouvinte, o interesse pelo tema, o tipo de terminologia. Mas se pode assegurar que quanto maior a brevidade maior a compreensão e vice-versa. Portanto, o princípio da economia de palavras deve estar em mente na hora de redigir um texto radiofônico.

A mesma regra rege o número de sílabas de cada palavra e por isso se deverá buscar aqueles sinônimos que contenham menos sílabas em benefício da compreensão.

A título indicativo e com as matizes correspondentes à mudança de idioma, de público e de veículo, nos parece interessante revisar o quadro de compreensibilidade elaborado por Flesch para a Associated Press e citado por Petra M. Secanella em *El lid, fórmula inicial de la noticia* (*O lide, forma inicial da notícia*) (1980:38).

Segundo Flesch, a compreensão ótima é dada pelas frases com uma média de dezenove palavras. Insistimos em assinalar que este estudo se refere à legibilidade nos Estados Unidos durante os anos 40 e, portanto, tem apenas um valor indicativo em nosso caso.

Por outro lado, o italiano C. E. Gadda assinala, em 1973, que o tamanho máximo das frases no rádio é de quatro linhas datilografadas, sendo a de duas linhas a ideal.

Segundo este critério, para o italiano, que possui uma estrutura mais semelhante ao espanhol do que o inglês, seriam dezoito as palavras por frase que dariam uma compreensibilidade máxima a um texto radiofônico.

No exemplo a seguir a decodificação pode tornar-se difícil devido à quantidade de cortes:

> Na prisão de Carabanchel, segundo informa o diretor do centro, os membros da ETA que se encontram ali recolhidos, no total

de cento e quarenta e três, anunciaram o início de uma greve de fome, como protesto pela morte de seu companheiro José Aguirre Izaguirre.

Diário falado das duas da tarde da R.N.E.
14 de fevereiro de 1981

A busca de uma linearidade expressiva e uma ordenação lógica das idéias deve converter-se em um objetivo fundamental do jornalista radiofônico. Que sirva de exemplo a seguinte tentativa:

Os membros da ETA recolhidos na prisão de Carabanchel iniciaram uma greve de fome pela morte de José Aguire Izaguirre, segundo informa a direção do centro. Em Carabanchel, cento e quarenta e três participantes do grupo estão presos.

A informação seguinte nunca deveria ser emitida, em virtude das características expressivas do rádio:

Com todas essas ações, os manifestantes conseguiram que o diretor-geral de instrução da Generalitat, Francesc Noi, concordasse em receber quatro professores, um representante dos pais e outros das câmaras.

Na reunião foi negociada a assinatura por parte do Conselho de Instrução da Generalitat de um documento que, de alguma forma, garanta o emprego durante o próximo ano letivo a todos os professores interinos e contratados que atualmente tenham trabalho, junto com outros documentos que permitam iniciar os trâmites junto ao Conselho Executivo da Generalitat, para que tramitem, de maneira interina, as formas de acesso, enquanto não é aprovada a lei da Função Pública.

Catalunha Atualidade, da Rádio Peninsular de Barcelona
14 de fevereiro de 1981

O último parágrafo desta informação é um claro exemplo de ordenação ilógica do material e de construção desordenada. Este material poderia ser ordenado como segue ou com outras fórmulas similares:

Na reunião foi negociada a garantia do posto de trabalho, durante o presente ano letivo, para todos os professores contratados e interinos.

A comissão negociou também que o governo catalão regule formas de acesso provisórias até a aprovação da lei da Função Pública.

Anotamos dois elementos que devem ser levados em

conta para modificar a atitude ao redigir um texto radiofônico: um é o já tratado até aqui, e o outro é a linguagem. É preciso, aqui, fazer algumas considerações. A *linguagem radiofônica* não é uma linguagem exclusivamente oral. A música, o ruído, o silêncio e os efeitos especiais são parte substancial da linguagem radiofônica, que perdem sua unidade conceitual ao fundir-se no sistema de transmissão que é a linguagem radiofônica. Este mesmo efeito se produz com a palavra falada.

Assim, pois, a palavra, a música, o silêncio, os ruídos e os efeitos especiais perdem sua unidade conceitual quando são combinados exercendo uma interação modificadora entre eles, o que resulta em um novo conceito, que é o que queremos transmitir.

O conceito de linguagem radiofônica anteriormente expressado é pura teoria na informação radiofônica. Este terreno é um campo inexplorado, com o que o rádio vê mudadas suas possibilidades expressivas em favor de uma expressão fria que combina, no campo informativo, a expressão oral com uma aplicação da música como substituta dos recursos gráficos. Esta utilização raquítica do meio diminui as suas possibilidades expressivas e conseqüentemente comunicativas.

Por outro lado, os avanços conseguidos pela investigação radiofônica, realizados especialmente nos EUA e Inglaterra, têm sido utilizados unicamente para o rádio de entretenimento. O rádio informativo permanece ancorado nas velhas fórmulas e afastado da busca de uma nova expressividade.

Pode-se falar, assim, de uma tendência limitadora da capacidade expressiva do veículo. "Se durante anos buscou-se vozes *frias* para a leitura das notícias, ou em alguns países — especialmente Estados Unidos — se proibiu o uso de certos aditivos técnicos (efeitos, reverberações etc.) para a difusão de notícias, é porque se buscava uma maior objetividade na transmissão de informações, entendendo-se que *aqueles elementos tinham um papel muito diferente de meros "adornos", já que ampliavam as possibilida-*

des de impacto radiofônico, podendo modificar o conteúdo informativo". (Faus, 1973:119).

Justificar a mudança de um veículo em função da falácia da objetividade não deixa de ser um recurso fácil mas pouco crível. No rádio, como em todo meio técnico, é impensável a não manipulação subjetiva, já que "as conseqüências de tipo físico e sociológico derivadas do ato da gravação sonora ou da transmissão a distância dos sons estão condicionados tanto pela técnica instrumental como pelos condicionamentos pessoais de quem realiza a gravação ou transmissão. O que nos revela a possibilidade de trabalhar sobre ditas conseqüências desde um ponto de vista técnico e desde um ponto de vista pessoal, modificando estas últimas a atuação daquelas". (Faus, 1973:127).

Em definitivo, a manipulação é inevitável tanto com a utilização de todos os recursos expressivos do rádio como sem eles, o que nos leva a pensar que a não utilização destes recursos não responde ao interesse da objetividade, a não ser pela dificuldade de controlar a criatividade que representa a combinação de todas as unidades conceituais que compõem a linguagem radiofônica. Se opta, pelo contrário, pela possibilidade mais controlável e limitadora da "objetividade" como arma de manipulação sumamente eficaz.

Centrando-nos agora na expressão oral — que como está dito é apenas uma unidade conceitual das que compõem a linguagem radiofônica — estudaremos as características que atuam em favor da clareza e simplicidade.

Estas duas máximas não são muito respeitadas no rádio informativo, no qual se emprega muito constantemente uma "linguagem estereotipada, fria e compartimentada para cada classe ou categoria sócio-econômica, que tende para a criação de gírias cada vez mais diversificadas e incompreensíveis para todos aqueles que não pertençam à categoria sócio-econômica que as criou". (Prado, 1980:164)

Justamente todo o contrário é o que interessa. A linguagem oral no rádio deve utilizar um *vocabulário de uso corrente*, optando sempre pela aceitação mais comum de um termo, evitando ao máximo a utilização de terminologia pertencente à tecnologia e às ciências, assim como as locuções estrangeiras que, além de diminuir a inteligibilidade, produzem no ouvinte um "complexo de inferioridade cultural que provoca angústia, raiva e irritação". (Gadda, 1973)

Em caso de ser inevitável a utilização de um termo complexo, deve-se explicar o significado imediatamente para diminuir, assim, os efeitos antes descritos. Se as explicações se repetem com demasiada assiduidade, o texto se converte inevitavelmente em algo cansativo e pouco eficaz.

É preciso utilizar termos definidos na perspectiva de palavras que temos aceito como objetivo. Neste sentido, os adjetivos são desnecessários quase sempre, já que carregam pouca informação. Sua utilização em rádio somente é aceitável quando o colorido que carregam ajuda a precisar a idéia que se transmite.

Também deve-se tentar eliminar o advérbio, pois sua ação modificadora é em geral desnecessária se se utilizam termos definidos. Os mais justificáveis são os de tempo e lugar.

Tanto no caso do advérbio como do adjetivo é mais correto transmitir a idéia que eles causam através da narração ou da restituição do contorno acústico dos fatos.

O exemplo seguinte fala por si só:

> (...) O congresso terá que anunciar que foi iniciado com *bastante* atraso, de duas horas, por haver encerrado as sessões de trabalho de ontem *muito* tarde, perto das quatro e meia da madrugada.
>
> Diário falado das duas da tarde da R.N.E.
> 22 de fevereiro de 1981

Nas duas ocasiões, o próprio jornalista se dá conta da utilização de expressões não definidas e corrige a situação acrescentando os termos oportunos.

Os pronomes obrigam o ouvinte a realizar um esforço suplementar bastante grande, que dificulta a recepção da mensagem. O receptor se vê obrigado a transportar no espaço o nome ao qual se refere, o que o obriga a situar-se no tempo presente, no qual se executa a decodificação radiofônica.

Vejamos o exemplo seguinte:

> (...) Pessoas que estão acostumadas a condições de vida orientais em países de trópico, que têm agora que viajar, por exemplo, à Alemanha Federal. Para *estes* a vida em muitos países ocidentais será um calvário, uma prisão. *Isto* era o que pensavam esta manhã. *Outros* escutam o rádio, através do *qual* o papa enviava uma mensagem da Ásia, uma mensagem de diálogo e paz.
>
> *Diário falado das duas da tarde* da R.N.E.
>
> 21 de fevereiro de 1981

Este esforço suplementar, o de transporte, não se dá na conversação interpessoal, cujas fórmulas, hábitos, construções e estruturas devem inspirar a elaboração do texto radiofônico.

É bom recordar aqui o constante perigo de que o ouvinte passe do estado de escutar para o de ouvir. Uma boa razão para deixar de escutar costuma ser o aumento da dificuldade de compreensão. No caso de efetuar-se essa mudança de estado, teremos que recuperar a atenção do ouvinte através dos diversos recursos acústicos, temáticos e redacionais.

Esta mudança de plano na decodificação é positiva se se produz nos fluxos e refluxos do ritmo da mensagem que deve ser enviada. Ao contrário, é negativa se se produz arbitrariamente no curso da mensagem, já que se pode perder a eficácia na comunicação dos aspectos informativos mais relevantes que se queria transmitir.

É preciso pensar, finalmente, na confusão que pode provocar a atribuição da ação que se descreve uma frase com um pronome ligado a um sujeito que não é correspondente.

Por tudo isso, deixaremos os pronomes na redação radiofônica informativa, na qual a redundância é até benéfica para fixar as idéias principais.

Outra hipótese que obriga a uma troca de espaço é a seguinte:

(...) Que espera Pequim para responder ao convite ao diálogo pelo Vaticano? Antes de tudo duas coisas: ruptura de negociações com Taipé (Formosa) e respeito à autonomia da Igreja Patriótica da China. Segundo foi possível apurar no Vaticano, o *primeiro* ponto não cria problemas insuperáveis, mas a *outra* questão é árdua. Há mais de vinte anos que a Igreja Patriótica chinesa é independente de Roma e já ordenou, por sua conta, cerca de quarenta bispos.

Diário falado das vinte horas da R.N.E.
21 de fevereiro de 1981

Ao ouvinte, sem dúvida, será difícil recordar em que ordem foi exposto pelo jornalista os dois requisitos exigidos pelos chineses. Suponho que retenha o primeiro, quando chegar a "mas a outra questão é árdua" terá poucas probabilidades de que a decodificação seja cômoda.

O verbo tem um papel importantíssimo na informação radiofônica. Para ser mais exato, a importância é o tempo do verbo, um dos elementos que denota mais atualidade.

Na redação radiofônica informativa, o verbo tem que ser utilizado no presente do indicativo e em voz ativa. O passado não é notícia em rádio.

O presente denota instantaneidade e, portanto, atualidade. Claro que nem sempre se pode dar todas as informações em tempo verbal presente e certamente não é preciso forçar sua utilização até limites impensados, mas sim buscar-lhe todas as possibilidades.

No caso de não poder utilizar o presente, recorremos ao pretérito mais próximo, que é o perfeito. Como último recurso, o infinitivo.

No afã de utililização do presente, podemos recorrer a uma combinação deste tempo com o pretérito. Não é correto, em troca, combinar os pretéritos para referir-se ao mesmo fato.

Recordemos, finalmente, que o verbo em voz ativa dá mais força às notícias e destaca seu interesse. Pelo contrário, a passiva, além de não ser de uso comum, obriga a uma modificação nos planos do espaço e do tempo para atribuir a ação descrita ao sujeito nominado ao final.

O rádio não é o meio mais adequado para a transmissão de longas séries de números, estatísticas ou gráficos. Por isso, deve-se evitar a inclusão de números nas informações para este meio. Nem sempre será possível evitá-los e, neste caso, é conveniente seguir duas normas para sua redação. Por um lado, deve-se arredondar todos os números, 498.351 são no rádio "quase meio milhão". Por outro lado, convém estabelecer comparações ilustrativas que facilitam a compreensão. Assim nos encontraremos com fórmulas como "o dobro de...", "a metade de..." etc.

Os números expressados oralmente são difíceis de reter, assim procuremos evitá-los. Em certas ocasiões, uma cifra é o aspecto mais relevante de uma notícia ou informação e por isso será dada com toda a clareza e será repetida cuidadosamente.

Nem as abreviaturas nem as siglas têm lugar na redação radiofônica. Sempre existe alguma exceção; algumas siglas são de uso comum e às vezes são mais ilustrativas que sua explicação. Habitualmente não é assim, e por isso devem ser escritas todas as palavras que compõem aquela sigla.

Em caso de escrever textos para serem lidos por outra pessoa — insistimos, nos parece mais adequado que cada redator leia seus próprios textos — não se deve escrever uma sigla se se quer que o locutor leia seu significado.

Uma menção à parte merece a inclusão de nomes próprios na redação radiofônica. Os nomes pouco conhecidos ou desconhecidos devem ser incluídos após o cargo ou a descrição da ação que os colocou na matéria. Esta norma somente se altera no caso de nomes muito populares nos quais se associa imediatamente o registro sonoro desse nome ao cargo ou fato que o torna relevante.

Cuidaremos, finalmente, de outro aspecto da redação radiofônica em virtude de sua característica de transmissão sonora. Trata-se de evitar a combinação de sons que alteram e deformam as unidades sonoras elementares que foram emitidas. Estes sons podem estar compostos por uma letra apenas ou por sílabas.

Não se trata, pois, somente de cacofonias, contrações e rimas, e sim, em geral, de todos aqueles sons que acumulados em pouco espaço de tempo produzem uma sonoridade distorcida. Uma vez mais, a leitura em voz alta dos textos ajudará o redator a reconhecer e assim a sanar estes erros.

Queremos assinalar aqui (ainda que seja mais uma questão de estilo) a conveniência de evitar a inclusão de bordões na narração radiofônica. Este perigo é maior nas narrações improvisadas, ao sair inconscientemente.

O mesmo cabe dizer das declarações óbvias. As mais correntes fazem referência a "vamos à primeira notícia", "eu gostaria de perguntar", "coloquemos um ponto final" etc.

Estas declarações óbvias são uma autêntica perda de tempo, injustificável sob qualquer ponto de vista.

A atualidade e instantaneidade são as principais características da informação radiofônica. Esta atualidade deve ficar patente nos serviços informativos de uma emissora e para isso é preciso ter em conta aqueles recursos que reforçam a atualidade no rádio. Podemos estabelecer três grandes grupos: recursos técnicos, recursos redacionais e recursos de programação.

Dentro dos *recursos técnicos* podemos assinalar a utilização do telefone, das unidades móveis e as gravações no local dos fatos.

Por *recursos redacionais* entendemos a utilização do verbo no tempo presente e a utilização de palavras e frases que denotam atualidade: "Neste momento...", "ao iniciar esta transmissão..." etc.

A utilização deste recurso deve ser feita com prudência para conseguir eficácia. Seu abuso os leva à categoria de bordão, que devemos evitar.

E, finalmente, os *recursos de programação*, ou seja, a inclusão de novos aspectos das notícias transmitidas em serviços anteriores. Não basta simplesmente modificar a redação dessas notícias, é preciso oferecer novos dados, novos ângulos e repercussões ao longo do dia. Isto dá ao ouvinte a sensação de estar acompanhando a notícia.

Em relação à situação no tempo assinalamos também a possibilidade radiofônica de fazer uma *situação referencial*. Ou seja, não se deve obrigar o ouvinte a situar o dia da semana, para o qual é melhor expressar-se partindo da referência ao presente. Assim, a segunda, a terça etc. são no rádio "anteontem", "ontem", "amanhã", "depois de amanhã". O mesmo se pode dizer sobre a situação no plano do tempo dentro do mesmo dia. O hoje tem frações reconhecíveis: "a manhã", "o meio-dia", "a tarde","a noite". Esta variedade, além de favorecer o situar no tempo, evita o abuso do "hoje".

Finalmente, digamos que "ontem" não é notícia para o rádio. No caso de se dar uma notícia de ontem, deve-se iniciar com um novo aspecto da mesma que se situa em "hoje". O ontem somente é utilizável no contexto para situar os fatos no tempo.

Para finalizar este capítulo falemos de um outro aspecto importante da redação radiofônica. Trata-se da *estética visual*. Esta estética afeta a frase, o parágrafo, as normas práticas e os travessões.

Muitas delas parecem autênticas obviedades, mas sua importância — em especial para o rádio ao vivo — é vital, já que disso dependerá em grande medida a clareza enunciativa da locução.

A estética da frase e sua combinação em parágrafos deve estar em função das unidades de entonação. Não deve preocupar, portanto, o afastamento da estética impressa. Um texto radiofônico deve destacar o espaçamento e sensação de clareza. As frases curtas devem saltar à vista e as manchas negras que surgem ao transpor a visão de um texto devem ser pequenas. Isto não é uma garantia por si só, mas sim combinada com uma ordenação gramatical linear.

É importante escrever em espaço duplo, já que, além de facilitar a leitura, permite realizar as correções necessárias de forma adequada. Não podemos utilizar as normas de correção de imprensa por representar um embaraço visual. No rádio não se aproveitam as porções da palavra que estão escritas corretamente e sim rabisca-se toda e escreve-se por cima. Muitas correções, ainda que feitas dentro dessa norma, provocam equívocos e mudanças de entonação na leitura, sendo melhor refazer o texto ou utilizar a tinta branca.

As normas mais gerais aconselham deixar uma margem na lateral esquerda de aproximadamente cinco centímetros. Ali serão efetuadas as anotações necessárias. Os papéis utilizados devem ser todos do mesmo tamanho, e cada notícia, por mais breve que seja, deve estar em uma folha diferente.

Se o texto não cabe em uma folha apenas, deve-se assinalar a continuação do tema com uma flecha ou qualquer outro sinal combinado pela redação. Isto permitirá ao leitor dar a entonação adequada.

Nunca devemos deixar um parágrafo ou uma frase cortada ao final de uma folha, já que altera inevitavelmente a entonação, produzindo-se uma perda de sentido. O mesmo podemos dizer das palavras no final da frase, que nunca se separarão em sílabas.

É conveniente escrever os números por extenso para evitar o esforço de tradução no momento da leitura.

Se em um texto existem citações textuais em outra voz, anotaremos visivelmente cada uma delas, assinalando o início, a duração e em especial o fim. O fim deve conter as seis últimas palavras. Se escrevermos menos do que essas seis, existem muitas possibilidades de que a combinação desses termos se repita em várias ocasiões, em especial nas citações longas, e poderíamos criar uma situação embaraçosa, misturando frases.

Quanto ao hífen, assinalamos que a lei do equilíbrio também é aplicada na sua consideração. Passou-se da utilização do hífen desde tossir até a improvisação total. Ultimamente se utilizam, no rádio informativo, os hífens indicativos ou pautas.

Este hífen contém as indicações técnicas e temáticas imprescindíveis para a união do realizador e o editor-apresentador. Da clareza do hífen dependerá também o ritmo e a agilidade do programa.

O hífen indicativo conterá a cronometragem de cada intervenção, a pessoa que a realizará e especial atenção a todas as fontes de áudio que devem intervir. As gravações estarão numeradas e ordenadas. É mais eficaz registrar cada gravação em uma fita individual, já que permite maior possibilidade da alteração da seqüência, com rapidez e eficácia, no caso de qualquer imprevisto. Os programas informativos devem estar abertos às variações, pois a atualidade segue em frente enquanto se edita o programa.

Nos programas com muito material gravado, o êxito da realização está em proporção direta com a clareza do hífen. Para evitar erros devem ser assinalados claramente as entradas e o final das fitas, assim como o fim dos textos que introduzem as gravações.

Tendo em conta todas as características da redação radiofônica, desde as estéticas às gramaticais, estamos em condição de afirmar que não se deve ler nenhum texto no rádio se previamente este não é reelaborado, não apenas para dar-lhe um estilo próprio, e sim, principalmente, porque a estrutura e concepção de agências ou de comunicados é estruturalmente a da expressão escrita.

Sirva como exemplo o texto seguinte, que contém pronomes e frases em negativo e obriga a fazer mudanças do espaço para efetuar a decodificação:

"Com Leopoldo Calvo Sotelo como presidente do governo, se se consegue a investidura, a política exterior espanhola será mais coerente e não se produzirão certas manifestações ocorridas durante a etapa presidencial de Adolfo Suárez", comentaram na Europa Press fontes autorizadas não citadas pela agência.

Segundo essas fontes, "Calvo Sotelo dará à nossa política exterior coerência e eficácia, assim como alguns objetivos claros. Adolfo Suárez — acrescentaram as fontes — sabia pouco de política exterior e se permitiu certas atuações que provocaram mais reações negativas do que positivas. Entre essas atuações pode-se assinalar *sua* viagem a Cuba, a aproximação com os não-alinhados e a recepção em Madri do líder da O.L.P., Yasser Arafat".

As mesmas fontes precisaram: "Nosso lugar está no Ocidente e não com países terceiro-mundistas e integrantes do bloco dos não-alinhados. Nossa presença no ano passado em Havana, na qualidade de observadores, na conferência dos países não-alinhados, surpreendeu inclusive aos seus participantes".

Segundo as opiniões que divulga a Europa Press, uma mostra da mudança que dará nossa política exterior está *na não presença* na reunião preparatória dos países não-alinhados que está sendo celebrada em Nova Délhi. Esta postura não é obstáculo para que de forma complementar haja relações com a América do Sul e outros países não ocidentais, mas nosso espaço natural está na Europa e aqui temos que concentrar nossos esforços.

Este novo caráter da política exterior espanhola já o tinha suficientemente claro Marcelino Oreja e Pérez Llorca. Com o *primeiro* — segundo as fontes — Suárez se desentendeu em certas ocasiões, e com o *segundo* não teve tempo para que surgissem problemas.

Diário falado das vinte horas da R.N.E.

21 de fevereiro de 1981

III. A NOTÍCIA NO RÁDIO. CARACTERÍSTICAS E ESTRUTURA

A definição de notícia nunca obteve um consenso. Diversos autores, diversas escolas, diversas épocas dão assim mesmo definições diversas. Desde Spencer (1917) a Martínez Albertos (1972), uma plêiade de autores deram suas definições, algumas opostas, outras complementares, mas todas matizadas e diferenciadas.

Não seremos nós que realizaremos um esforço de definir mais, especialmente se levarmos em conta que com a aparição do rádio como meio de informação produz-se um reajuste nos conceitos e divisões estanques nos gêneros informativos. "Apenas uma definição permanece em todas essas mudanças: é notícia o que os jornais escrevem em suas colunas e o que as emissoras de rádio e televisão emitem em seus programas informativos. Ou seja, os tipos de notícia são infinitos." (Secanella, 1980:11)

Somente uma definição tão generosa e ampla pode permanecer num mundo de mudanças estruturais contínuas da informação devido à evolução vertiginosa da tecnologia.

Mais ao fundo existem outros matizes definidores. "Em toda notícia existem três elementos significativos: um fato que implica algum gênero de ação; uma informação de onde se descreve ou relata a ação em termos compreensíveis; e um público ao qual se dirige essas notícias através dos meios de comunicação." (Foncuberta, 1980:10)

Seguindo essa linha ampla e sem pretensão de exclusividade, poderíamos dizer que a notícia é a unidade estrutural mínima da informação radiofônica, concisa, simples e formalmente neutra.

Características diferenciais

Convém recordar aqui alguns elementos que diferenciarão substancialmente a notícia irradiada da notícia impressa. Em primeiro lugar, as notícias radiofônicas são *veículo de informação* daquelas pessoas que não lêem porque não sabem ou não querem fazê-lo. Esta gente se provê de informação através da comunicação interpessoal (cada vez menor nas sociedades desenvolvidas) e através dos meios de informação audiovisuais. Por isto, não se deve dar nada por definitivo na notícia radiofônica.

A *instantaneidade* permitida pelo rádio dá à notícia neste veículo uma "tendência à *simultaneidade* espaço-temporal que se opõe à distância psicológica"(Orive, 1977). A instantaneidade e simultaneidade implicam *rapidez*, principal vantagem da distribuição de informação. E, assim, os jornalistas radiofônicos pensam nas notícias do momento, enquanto os da imprensa pensam nas notícias do dia.

Tudo isso supõe que o importante é a rapidez com que se transmite a informação, podendo deixar os dados explicativos dos fatos e os complementares para edições posteriores dentro do mesmo dia.

Esta característica da notícia radiofônica faz mudar o papel do jornalismo impresso. Nele deixam de ter sentido as edições extras ou especiais.

A notícia radiofônica obriga o ouvinte a realizar um exercício de transformação das idéias transmitidas pelas imagens sonoras em imagens visuais imaginárias. Esta *sugestão* aumenta o sentido de *participação* nos fatos relatados, sobretudo se estes são conhecidos em seu contorno acústico.

Este sentido de participação e esta sugestão aumentam a credibilidade das notícias.

Por outro lado, a *não permanência* das mensagens radiofônicas obriga a escrever de forma que seja entendido na primeira vez. Esta característica marcará notavelmente a estrutura da notícia no rádio.

Como conseqüência de tudo isso, surge a *brevidade* como a característica mais importante das notícias radiofônicas.

Tipologia da notícia radiofônica

As características diferenciais até agora mencionadas nos põem em situação de estabelecer três tipos de notícia no rádio, e os três contam com tais características.

Trata-se da notícia estrita, a notícia de citações "com voz" e a notícia com entrevista.

A mais freqüente é a *notícia estrita*, especialmente nos serviços de hora em hora. Em contraste com a clássica pirâmide invertida da imprensa, que vinha encabeçada por um lide, no rádio a quantidade de informação não é decrescente em sua distribuição.

Encabeça a estrutura da notícia radiofônica uma "introdução", termo que utilizamos no lugar de "lide", que tem conotações históricas de sumário, se bem que atualmente (e a partir das mudanças produzidas pelo jornalismo radiofônico no jornalismo impresso) o lide se define como "a formulação do que é mais importante em uma notícia, direta ou de criação, respondendo a duas perguntas básicas: o que ocorreu e quem é o protagonista". (Secanella, 1980:45).

A introdução deve ser breve e simples em sua formulação. Sua função é a de atrair a atenção do ouvinte sobre aquela informação. Muitas vezes o ouvinte estará no estado de ouvir e, através dessa introdução, despertaremos seu interesse, recuperando-o para o estado de escutar.

Para conseguirmos este intento disporemos na entrada os dados mais atrativos ou mais importantes da informação. Ambos os dados devem ser repetidos através do desenrolar da notícia para produzir uma redundância que resista à não-permanência das notícias, a decodificação no presente e a falta de assimilação precisa em caso de não se encontrar no estado de escutar.

Geralmente na introdução se encontrará com segurança a resposta ao "o quê" e, como variável, ao "quem" ou ao "como", predominando aquele que tenha maior capacidade de atrair a atenção.

Não se fará jamais um início com um nome desconhecido e o mesmo podemos dizer com respeito aos números. Deve-se evitar iniciar a notícia com uma longa lista estatística ou números. Um número somente poderá iniciar uma notícia quando este for o seu aspecto mais relevante.

Um nome somente se colocará no início no caso de ser tão popular que por si mesmo exerça o efeito de alerta sobre a atenção do ouvinte. O início da notícia, neste aspecto, tem o mesmo papel que o título na imprensa. No rádio não existe o título. Assim, a entrada deve ser breve e simples, mas sem simplificar tanto que a notícia perca interesse e sem ser tão breve que produza um efeito telegráfico.

É difícil a tarefa de escrever um início breve mas com o suficiente ritmo interno para torná-lo atrativo. Facilita este trabalho isolar a idéia que queremos expressar e transmiti-la com uma estrutura linear e simples.

Após a introdução, na estrutura da notícia irradiada, seguem-se parágrafos sucessivos com as mesmas características internas da simplicidade, brevidade e linearidade. Em cada um destes parágrafos se incluem um ou dois dados novos e um redundante.

ESTRUTURA DA NOTÍCIA RADIOFÔNICA ESTRITA

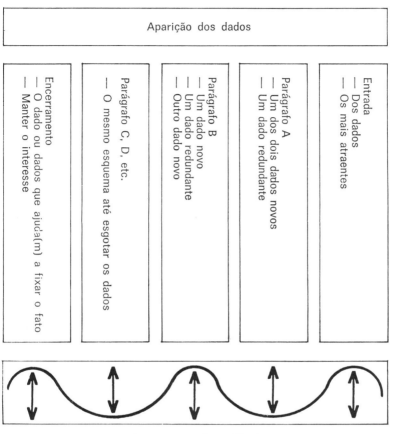

Ritmo e tensão variáveis

Esta estrutura vai se sucedendo em parágrafos isolados até esgotar todos os dados disponíveis, sem se esquecer da redundância.

A estrutura da notícia radiofônica conclui-se com um "encerramento", cujo papel é importantíssimo. O fechamento recupera o essencial da notícia de forma atraente, para fixar o fato que foi transmitido e para deixar o interesse do ouvinte em um nível elevado, o que facilitará a atenção para a informação seguinte ou que fixará o interesse por aquela informação, se é a última.

Conseguir um bom encerramento é mais difícil que uma boa entrada, já que não dispomos do interesse pelo desconhecido.

A notícia radiofônica assim distribuída combina os dados de tal maneira a se produzir uma tensão variável entre os diversos parágrafos e, inclusive, dentro de cada um deles, jogando com o interesse de cada dado.

O único sentido decrescente nesta estrutura é o da aparição dos dados.

O que segue é um exemplo feliz de notícia-estrita:

LOCUTOR: O diretor-geral de Rodovias inaugurou, neste meio-dia, o novo trecho da autopista do Atlântico, entre Pontevedra e Vigo.

O ato teve lugar sobre a ponte de Rande, que atravessa a foz viguesa e é, com quase setecentos metros de comprimento, a maior ponte segura por armação do mundo.

A nova via absorverá setenta e cinco por cento do tráfego na zona, resolvendo a saturação que se produz atualmente e diminuindo o número de acidentes.

Foram investidos mais de dezessete mil e seiscentos milhões de pesetas na obra.

O "escalextric" construído em Vigo para o acesso à autopista permanecerá fechado por decisão da Câmara Municipal, ao contrário da solução anterior.

Há dois anos que vem funcionando o trecho desta autopista entre La Coruña e Santiago. Permanece pendente o restante do traçado previsto para unir El Ferrol com a fronteira portuguesa.

Diário falado das duas da tarde da R.N.E.
7 de fevereiro de 1981

Realmente, trata-se de um modelo de clareza e linearidade expressivas. Frases curtas, sucessão lógica de idéias e uma estrutura que se aproxima muito do modelo ótimo dão como resultado uma máxima compreensibilidade.

Todo o contrário deve-se dizer do exemplo seguinte, que é, portanto, um modelo a evitar:

A comissão negociadora da Companhia Metropolitana de Madri encontra-se reunida para estudar o aumento de salários e outros aspectos do Convênio do Metrô. A empresa oferece 1,11% de aumento de salários, enquanto os trabalhadores pedem quinze por cento.

A Delegação Provincial do Trabalho intimou ontem a empresa e os trabalhadores para o..., para que na próxima segunda-feira, ante a falta de acordo do ato de conciliação que teve lugar na quinta-feira no *imac a tenor* da solução do conflito coletivo por parte da empresa.

Informativo das duas e meia da tarde da Cadeia S.E.R.
21 de fevereiro de 1981

A *notícia com citações* "com voz" tem uma estrutura geral similar à notícia estrita, mas alguns dos dados são expressados pela voz do protagonista dos fatos ou pela fonte.

Este recurso é muito aconselhável por várias razões. A notícia assim preparada ganha em ritmo e sustentação, já que introduz mudanças de voz e, sobretudo, pode incluir o cenário sonoro dos fatos, transmissor de informação em si mesmo.

Esta fórmula aumenta a sensação de participação criativa do ouvinte no acontecimento. A notícia ganha, assim, em credibilidade e em exatidão.

Para poder incluí-las em uma notícia, as cotações diretas devem reunir algumas qualidades expressivas similares às exigidas para os textos radiofônicos. Se não expõem idéias claras e concisas, produzem o efeito contrário àquele desejado.

Em geral, a citação não está incluída na entrada e sim nos parágrafos seguintes, seja como unidade ou como parte deles. As citações devem ter a extensão mínima e devem concordar com o contexto em uma sucessão lógica de idéias.

Para ilustrar o modelo veja-se o exemplo seguinte, ainda que tenha um início e um encerramento pouco felizes:

LOCUTOR: O conflito pesqueiro que opõe a Espanha e a Comunidade Econômica Européia entrou no que parece ser a última fase, depois da decisão tomada ontem à noite pelo governo de Madri em determinar à Comissão de Bruxelas um imediato reinício das negociações. Este foi, ao menos, o acordo firmado pelo vice-presidente econômico do governo, Leopoldo Calvo Sotelo, em uma reunião com vários ministros que têm relação com o tema pesqueiro.

Ao final da reunião, o titular do Ministério da Agricultura e Pesca, Jaime Lamo de Espinosa, dizia claramente:

CONTROLE (segmento 1): "As decisões são que se deve pedir uma nova seção negociadora. Quer dizer, queremos demonstrar, uma vez mais, que a vontade de negociar espanhola é bem clara, e que, por conseguinte, estamos dispostos a sentar-nos novamente com a comissão para tentar chegar e... a um ponto comum".

LOCUTOR: Se nestas novas negociações não se chegar a um acordo, o governo espanhol tem pensada uma série de medidas de força, como a limitação das importações de pescado procedentes dos países da Comunidade.

Antes dessa reunião ministerial, Jaime Lamo de Espinosa recebeu uma representação dos armadores afetados pelas restrições da Comunidade. O próprio ministro explicava dessa maneira, para a Rádio Nacional, o desenrolar dessa nova reunião...:

CONTROLE (segmento 2): "Vieram todos os representantes das associações de armadores dos portos do Norte e Noroeste, cujas frotas atuam nos locais de pesca da Comunidade Econômica Européia e eles haviam..., eu expliquei, naturalmente, ehhh, quais têm sido os passos dados na negociação, como tem sido até este momento. E eles, por seu lado, me expuseram, ehhh, a maneira pela qual viam este tema e me indicaram o seguinte: primeiro que aprovavam completamente a atitude negociadora, enquanto as exigências mínimas propostas, ehhh, por mim e pelo ministro Punset à Comunidade Econômica Européia, mas, evidentemente, que tudo isso estava condicionado a um fato, ehhh, e..., é que, ehhh, se as coisas continuam como até agora, a administração espanhola deveria tomar uma série de medidas".

LOCUTOR: Entre estas medidas, como já afirmamos, se encontram a restrição das importações pela Espanha do pescado comunitário. Mas os armadores também pediram ao ministro uma série de ajudas...:

CONTROLE (segmento 3): "Bem, os armadores pediram uma série de apoios. No caso da paralisação da frota continuar, pediram para que se adotem medidas eficazes para evitar, ehhh, a possível desobediência de alguns em não abandonar os portos, ehhh, pescando nas águas da Comunidade e tornando inútil o sacrifício da maioria, quer dizer, daqueles que permanecem no porto. E, finalmente, pediram que se edite um regulamento da pesca em águas da Comunidade, que é um tema que está em estudo há algum tempo''.

LOCUTOR: Portanto, o conflito pesqueiro com a Comunidade Econômica Européia está à espera de uma nova rodada de negociações.
Espanha às oito. R.N.E.
14 de fevereiro de 1981

A *notícia com entrevista* tem uma estrutura geral bastante diferente das anteriores. Contém um início atrativo onde haverá a resposta ao *quem* e habitualmente conterá a resposta ao *o quê*. As normas para fazer esta entrada são as mesmas da notícia estrita. Depois da entrada segue-se uma entrevista que pode cumprir duas funções. Uma, fornecer os dados do fato, e outra, dar a resposta ao ''por quê?'' (o que é o sexto ''w'' que se agrega aos clássicos cinco ''w'' do jornalismo, com a aparição do rádio).

No primeiro caso a entrevista é ágil, com perguntas breves e respostas curtas. Nelas a fonte ou o protagonista fornece os dados que tem. Se estes são parciais serão completados pelo jornalista seguindo os esquemas anteriores.

Neste tipo de notícia, o encerramento — além das funções mencionadas para os outros dois gêneros — deve cumprir o da redundância, característica vital para reforçar a falta de permanência da mensagem.

No segundo caso a entrevista é mais curta, com a única finalidade explícita de explicar o porquê dos acontecimentos, seja por parte dos responsáveis, seja por parte de um experto. O jornalista deve dar o resto dos dados seguindo os esquemas habituais da notícia radiofônica.

As notícias com entrevistas unem às vantagens de todas as outras o interesse humano que despertam.

Que sirva como ilustração deste tipo de notícia o exemplo seguinte:

LOCUTOR: Foi elevada a soma de ajuda a anciãos e enfermos incapacitados, segundo o Decreto Real da Presidência do Governo, publicado hoje no boletim oficial do Estado.
Segundo o decreto, a partir de primeiro de janeiro passado as quantias dessa ajuda chegam a cinco mil pesetas mensais, mais

dois pagamentos extraordinários em julho e dezembro, de cinco mil pesetas cada um.

José Ramon Caso, diretor-geral de Ação Social do Ministério da Saúde e Segurança Social: quem se beneficia atualmente desta ajuda?

PERSONAGEM: "Atualmente estão sendo beneficiados por esta ajuda, ehhh, aproximadamente uns duzentos mil anciãos com mais de sessenta e nove anos e uns cento e sessenta mil enfermos incapacitados.

Até, até o mês de dezembro passado esta ajuda estava fixada em quatro mil pesetas mensais. Com esta elevação para cinco mil pesetas, ehhh, produz-se uma elevação de vinte e cinco por cento e, mesmo sendo uma quantia pequena em valor absoluto, deve-se ter em conta que supõe cinco mil milhões de pesetas nos encargos do Estado.

Estamos plenamente conscientes de que as quantias absolutas são pequenas, mas a situação de crise impossibilita radicalmente fazer aumentos mais fortes neste momento".

LOCUTOR: Ehhh, como se pode solicitar esse apoio?

PERSONAGEM: "Bom, esta ajuda pode ser solicitada ante as delegações estaduais do Ministério da Saúde. Deve-se ter em conta que as pessoas que a podem solicitar são aquelas que reunindo as características devem ser maiores de sessenta e nove anos ou estar incapacitadas para o trabalho. Devem reunir, além disso, a condição de não ter nenhum outro tipo de receita, por outro tipo de pensão, ou renda de trabalho, rendaaa, ehhh, de contribu... de rendas de terras, ou devem também não ter familiares que tenham a obrigação legal de sustentá-los. Quer dizer, esta ajuda é para aqueles que realmente não têm nenhuma outra fonte de renda".

LOCUTOR: José Ramón Caso, diretor-geral de Ação Social. Muitíssimo obrigado.

Diário falado das duas da tarde da R.N.E.
13 de fevereiro de 1981

IV. A ENTREVISTA RADIOFÔNICA. TIPOS. FORMA DE REALIZAÇÃO.

A entrevista é dos gêneros jornalísticos aquele que mais tem adaptabilidade ao rádio e às características específicas do veículo. É uma das fórmulas mais ágeis para dar a conhecer uma informação ou para aprofundar o conhecimento dos fatos e suas conseqüências, assim como para aproximar-se da personalidade dos protagonistas das "histórias".

Na entrevista se produz um universo comunicativo muito complexo, no qual intervém a comunicação interpessoal e, portanto, bidirecional, e por outro lado fluxos comunicativos unidirecionais diretos e distintos.

A entrevista, em todos os seus tipos e modelos, é formalmente um diálogo que representa uma das fórmulas mais atraentes da comunicação humana. Produz-se uma interação mútua entre o entrevistado e o entrevistador, fruto do diálogo. Esta interação — natural na comunicação humana a nível oral — exerce um efeito de aproximação no ouvinte, que se sente incluído no clima coloquial, ainda que não possa participar.

Do fluxo comunicativo interpessoal que se desprende do diálogo entre entrevistador e entrevistado, unidos conceitualmente no papel de emissor, surge uma dupla comunicação unidirecional ou, melhor dito, uma distribuição de informações a partir do receptor.

Por um lado, uma comunicação unidirecional direta que surge das respostas do entrevistado. Por outro lado, se produz uma comunicação unidirecional distinta, que surge também das respostas, mas é provocada pela ação entrevistadora do jornalista.

Muitas vezes produz-se também outro fluxo unidirecional descritivo, que se desprende das observações, narrativas e descrições efetuadas pelo jornalista transportador de informações, mas que não exigem o contraste do entrevistado.

ESQUEMA DO UNIVERSO COMUNICATIVO DA ENTREVISTA

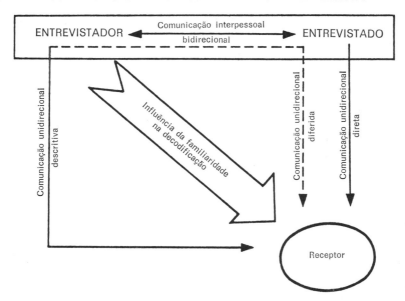

Dentro deste fluxo se inclui o ambiente acústico da entrevista, selecionado pelo jornalista e transmissor da corrente de informação que ele seleciona. É comum se dar pouca atenção ao ambiente acústico, com o que ou se empobrece a riqueza informativa do gênero ou se distorce não ser o adequado. É quase mais dramático o último caso, pois às vezes chega a modificar notavelmente o resultado da mensagem.

Mas ainda se produz outra variável no universo comunicativo da entrevista. Trata-se da influência da familiaridade existente entre o entrevistador e o público, na decodificação da mensagem. Esta influência exerce um efeito de distorção.

Tipos de entrevistas

Os elementos gerais até agora tratados influem na realização de todos os tipos de entrevistas.

Podemos estabelecer um primeiro nível de diferenciação nas entrevistas radiofônicas segundo seja uma emissão direta ou diferida. Este nível representa a primeira diferença fundamental entre a entrevista radiofônica e a impressa.

A *entrevista direta* é a mais difícil de executar, mas a mais esperada pelo ouvinte e a mais rica em matizes. Neste tipo a preparação é ainda mais importante que nas demais, por não haver nenhuma possibilidade de retificação *a posteriori*. O controle do ritmo interno e das freqüências expressivas, assim como o controle do tempo, são os riscos a serem lembrados pelo entrevistador para que o resultado seja bom.

A *entrevista diferida* oferece a possibilidade da montagem antes da emissão, com o que sempre é possível controlar sua duração e polir pequenos erros, assim como modificar a ordem das perguntas e respostas em favor de um desenvolvimento mais lógico. Com a montagem se pode assim mesmo fazer a entrevista mais ágil, pois quase todas as respostas poderão ser encurtadas.

A maioria das respostas de uma entrevista têm duas fases diferentes. Primeiro, uma fase expositiva e depois uma fase redundante. Na fase expositiva o entrevistado oferece de forma espontânea e geralmente desordenada todos os dados que respondem à pergunta. Na fase redundante se oferece a mesma informação, mais elaborada literariamente.

Na montagem podemos eliminar uma das duas partes da resposta, sem que isso diminua a quantidade de dados oferecidos ao público. Com esta operação simples a entrevista ganha em clareza e em agilidade. Além disso se economiza tempo, o que sempre é uma vantagem no rádio.

Por outro lado, a montagem também permite modificar as perguntas que tenham ficado confusas e que (ainda que tenham sido entendidas pelo entrevistado) possam causar uma "confusão" no fluxo comunicativo da entrevista.

Mas nem tudo são vantagens na montagem. Seu principal inconveniente é o tempo que se requer para efetuá-la perfeitamente e o tempo está regido pela rapidez que deve caracterizar a ação informativa no rádio. Por isto, deve-se fazer um esforço para que as entrevistas gravadas possam estar em condições de serem emitidas sem nenhum retoque.

Pensemos, finalmente, que a manipulação do material sonoro oferece mais dificuldades que a do material escrito. Na imprensa a entrevista é totalmente reelaborada, e no rádio somente pode sê-lo parcialmente para respeitar as unidades expressivas formuladas pelo entrevistado. Na imprensa basta somente respeitar a idéia expressada.

Depois destas considerações, será fácil compreender que se deve tender a reduzir a montagem nos informativos diários, de preferência nas entrevistas, sendo mais prático nas formas que permitam maior tempo de elaboração.

Um segundo nível de diferenciação nos permite dividir as entrevistas em dois grandes tipos: a entrevista de caráter e a entrevista "noticiosa".

A *entrevista de caráter* tem como eixo a personalidade do entrevistado. Suas respostas importam mais porque é ele quem as dá, e não pelo que diz. Nas respostas, além da informação aparente, encontraremos a chave para conhecer sua personalidade, já que "através da fidelidade expressiva, de sua espontaneidade, penetra-se nas zonas profundas das pessoas que nos rodeiam. Por isso, em nossa hipótese de trabalho, mais do que um meio auxiliar da linguagem, é um dos canais imprescindíveis para o conhecimento da personalidade''. (Orive, 1978:120)

Sobre isso surgem duas considerações. Primeiro: é preciso criar um clima comunicativo que rompa a timidez do entrevistado e permita essa expressividade espontânea que será a chave para o conhecimento real dessa pessoa, objeto último da entrevista de caráter. Se não for assim, é provável que depois da entrevista conheçamos do personagem apenas a imagem que ele nos tenha desejado mostrar.

A segunda consideração se refere ao fato de que a montagem não é aconselhável para a entrevista de caráter, já que qualquer manipulação técnica tiraria a fidelidade expressiva e, portanto, perderíamos dados para o conhecimento real da personalidade do entrevistado. Em caso de recorrer à montagem, é importante ter presente que as manipulações afetem o menos possível a expressividade.

Nas entrevistas de caráter entra em jogo a comunicação unidirecional descritiva que antes mencionamos. Seu papel é fundamental, pois é através dela que passaremos até o público os rasgos expressivos e não fônicos do entrevistado. As reações ante uma pergunta, a expressão do rosto, o movimento nervoso do pé etc. são elementos que em certas ocasiões transportam mais informação que a própria resposta.

Para realizar este tipo de entrevista é fundamental o conhecimento profundo do personagem. Este conhecimento pode ser obtido diretamente ou através de terceiros, mas é inócuo iniciar o trabalho sem cumprir este requisito prévio.

Também é conveniente ter falado diretamente com ele antes de entrar no ar, o que permitirá observar os ciclos expressivos de sua conversação, assim como seu ritmo. Isto nos permitirá dar agilidade à entrevista cortando, se for preciso, em um ponto lógico do discurso, e evitando dessa forma criar uma tensão que prejudique a fluidez e a espontaneidade.

A entrevista de caráter se inicia com uma apresentação breve do personagem, na qual se destacarão os aspectos do entrevistado que sejam mais atrativos para o ouvinte, com a finalidade de captar sua atenção. A partir daí as perguntas devem suceder-se logicamente e a cada resposta devemos conseguir seu retrato. Durante o desenrolar da entrevista deve-se repetir com assiduidade o nome do entrevistado, tanto para identificá-lo como para apresentá-lo àquelas pessoas que vão se incorporando à emissão.

Para concluir, também se repetirá o nome e se poderá optar entre resumir os aspectos fundamentais de sua personalidade segundo tenha surgido na entrevista, ou ressaltar o aspecto mais significativo que se tenha obtido.

O tom deste tipo de entrevista é relaxado, quase um diálogo, mas cuidando muito com o ritmo e a tensão variável para que não se torne aborrecida ou pesada, mas sim que desperte o interesse.

A *entrevista "noticiosa"* é a que tem como eixo uma informação. Neste tipo de entrevista interessa mais, por assim dizer, a informação que se dá do que quem a fornece.

A entrevista "noticiosa" pode dividir-se em três tipos: a entrevista de informação estrita, a entrevista de informação em profundidade e as declarações ou "falsa entrevista".

A *entrevista de informação estrita* é a mais utilizada e se caracteriza por sua brevidade. Serve para veicular uma informação através de seu protagonista ou de uma fonte presente.

Esta fórmula é especialmente adequada para os serviços principais de notícias, já que dá agilidade e exatidão ao espaço.

Devem ser abertas com uma introdução na qual se apresenta o fato de forma atraente e ao entrevistado. A introdução deve ser breve e fugir de construções confusas. O entrevistador, através de perguntas exatas, deve lograr respostas claras, curtas e precisas. É sua responsabilidade o ordenamento dos dados fornecidos em uma sucessão lógica.

O encerramento deste tipo de entrevista é opcional. Pode-se concluir perfeitamente com a última resposta. Se se faz um encerramento, este deve ser breve e seu efeito é o da redundância, no qual se destacarão o dado ou dados mais importantes.

O ritmo tem um papel importantíssimo nesta entrevista e é, em geral, rápido, tendo sempre presente a adequação ao estilo do programa do qual se trata.

Para se conseguir reunir estas características convém falar primeiro com o personagem, colocar algumas perguntas, de forma que nos informemos do tema a tratar. A ele isso servirá para ordenar explicativamente as idéias e os dados.

Depois desse passo, pede-se que explique em "x" minutos o que se acaba de falar, respondendo às perguntas que serão formuladas. O convidado estará em situação de satisfazer essa necessidade ao aproveitar a fase redundante de suas respostas anteriores.

É preferível este recurso ao da montagem, que resulta muito mais trabalhoso e nem sempre se consegue simplificar.

A *entrevista de informação em profundidade* tem um papel reflexivo no rádio informativo. Através dela se fornecem ao ouvinte, além da informação estrita, os dados adicionais que ajudarão a compreender o fato, a conhecer suas causas e efeitos e, em definitivo, a atribuir-lhes um valor pessoal.

A duração dessas entrevistas é maior do que as anteriores e permite um ritmo mais pausado, sem ser por isso menos ágil. Têm especialmente a função de responder ao sexto "w" do jornalismo, ou seja, ao "por quê?".

A introdução, breve como em todas as demais, inclui linhas fundamentais do tema noticioso e a justificação da presença do entrevistado.

As perguntas, neste caso, perseguem respostas que levem a dados explicativos do fato sobre o qual se informa. Por isso é freqüente que o entrevistador exponha alguma tese sobre a qual pede uma posição do entrevistado. Este recurso tenta dar concretamente a posição do personagem ante o fato. É válido se ajuda a interpretar o acontecimento.

Na entrevista de informação em profundidade é fundamental que o entrevistador conheça o tema a fundo. Se não for assim, dificilmente poderá extrair dados que justifiquem o porquê dos acontecimentos.

O encerramento incluirá o nome do entrevistado e, se a entrevista foi satisfatória, dará a resposta ao "por quê?". Se esta resposta ficou um tanto vaga, basta tirar alguns dados que foram colocados e que ajudarão a explicar melhor.

As *declarações* ou *"falsa entrevista"* se incluem normalmente nos informativos. Sua função é levar ao público, em forma noticiosa, a opinião dos representantes das instituições.

É uma "falsa entrevista" porque contém apenas um dos quatro fluxos de comunicação presentes na entrevista no rádio. Quer dizer, somente se produz uma comunicação unidirecional direta: a do entrevistado.

São feitas na forma de entrevista para evitar as reticências do ouvinte, mas o jornalista exerce apenas o papel que na imprensa faz o *ladillo*, ou seja, o de separador do discurso em subunidades mais breves e, portanto, de agilizador.

Existe no rádio ainda a "entrevista abundante" e outras que não trataremos aqui por afastarem-se muito do campo informativo.

Forma de realização da entrevista

Queremos recordar uma série de normas e características de realização das entrevistas aplicáveis a todos os tipos.

O êxito de uma entrevista depende sempre da *documentação* ou conhecimento que sobre o tema tenha o entrevistador. Não basta apenas dominar a técnica da entrevista, nem dominar o veículo. Este domínio conduz, com freqüência, à realização de entrevistas formalmente corretas, mas que não levam a uma quantidade suficiente de informação, seja sobre o personagem, seja sobre o fato noticioso. O ouvinte, aos poucos, se dá conta da falha.

Assim, deve-se realizar uma pesquisa, especialmente nas entrevistas de caráter e nas de informação em profundidade.

A partir da documentação se está em condição de elaborar um *esquema* que conterá fundamentalmente os "itens" dos temas que devem sair obrigatoriamente *a priori*. O esquema deve ser flexível e alterável em função do desenvolvimento da conversação. Não é radiofônico seguir um questionário rígido e inalterável.

Durante a entrevista podem surgir *novas vias* de interesse que devem ser exploradas, ainda que não sejam previstas. Naturalmente, para descobrir as novas vias de interesse é imprescindível escutar as respostas do entrevistado.

Com freqüência, o entrevistador se preocupa mais com o brilho da pergunta seguinte do que com o que está respondendo o entrevistado. Desta forma, passam ao largo muitas questões sobre as quais deveria pedir maiores esclarecimentos.

Em geral, esta atitude comporta certas derrotas. A mais freqüente consiste em planejar uma pergunta brilhantemente elaborada e obter como resposta um frustrante: "Como acabo de dizer...:

Ainda que possa parecer óbvio, recordemos que as perguntas devem ser *curtas, claras e concisas*. Ao seguir-se esta norma, pode-se conseguir respostas exatas e precisas; se não é assim, pode-se exigir do entrevistado.

Não se deve monopolizar o microfone. Ao contrário, deve-se conseguir que seja o convidado quem fale. Por outra parte, evitaremos estabelecer um pugilato com o entrevistado, que poderia desembocar naquele espetáculo grotesco no qual o jornalista tenta de todas as formas demonstrar que é uma autoridade na matéria. Se foi bem escolhido, o entrevistado sempre será o maior conhecedor. Esta luta pelo brilho não tem sentido. O êxito do jornalista consiste em fazer sair com habilidade todas as informações que se havia proposto obter.

Este vício costuma combinar-se com outro que consiste em dar na pergunta toda ou quase toda a informação que se pretendia tirar da resposta, com o que o entrevistado acaba respondendo: "Exatamente, como você disse...:

Neste caso, a entrevista perde o ritmo e cria-se uma tensão que dificulta a fluidez.

Em algumas ocasiões será correto este método para obter uma informação que esteja sendo escondida pelo entrevistado. Em tal caso pode-se pedir que responda com um sim ou não à pergunta que está sendo formulada. Somente assim é recomendável incluir na pergunta todo o material informativo da resposta.

O entrevistador deve observar ainda mais duas normas: *Não perder tempo com declarações óbvias* (como anunciar "a primeira pergunta", "a pergunta seguinte", "gostaria de perguntar" etc.

A segunda norma consiste em evitar os vícios (como: "bem", "realmente", "claro" etc.).

O jornalista radiofônico pode encontrar-se em duas situações difíceis na realização de uma entrevista. As duas vêm determinadas pela forma de responder do entrevistado.

Em um primeiro caso, o entrevistado tem tendência a dar *respostas enormemente longas e confusas.* Neste caso, a entrevista perde o interesse e o jornalista perde as rédeas do ritmo e do conteúdo.

Esta eventualidade se produz com muita freqüência e é por isso que todas as precauções são poucas. Convém avisar ao entrevistado da conveniência de facilitar respostas curtas e concisas para assim poder tocar todos os temas previstos. O convidado, inconscientemente, se esquecerá deste detalhe poucos segundos depois do início. Mas, se o avisamos previamente, poderemos recordá-lo através de sinais, no caso de se esquecer. Mas pode continuar esticando sua resposta, apesar disso, e teremos que recorrer a outras técnicas para interrompê-lo.

Em primeiro lugar, podemos observar os ciclos de respiração do convidado e, aproveitando uma pausa, colocaremos rapidamente a pergunta seguinte. Nesta técnica, rapidez e decisão são fundamentais. As primeiras palavras da pergunta deverão ser pronunciadas com uma elevação de tom que obrigue ao entrevistado perder o fio do seu discurso. Além disso, estas palavras iniciais não transportarão informação básica, pois, provavelmente — devido à mudança repentina de fonte —, o ouvinte não as decodificará.

Em condições normais, entre resposta e pergunta deve-se deixar um espaço de cinco segundos que permitam ao ouvinte situar-se novamente.

Se o recurso anterior falha, existe ainda um outro, mais gentil. Consiste em recordar ao entrevistado, publicamente, a escassez de tempo e, por conseguinte, a conveniência de encurtar as respostas.

Somente quando todos estes recursos falham é que devemos interromper bruscamente, cortando sua palavra. Neste caso, não devemos voltar atrás para evitar a superposição repetida de vozes, o que provoca uma confusão desagradável ao ouvido. Esta fórmula, repetimos, só deve ser utilizada em último caso, já que pode produzir um clima que dificultará o curso da entrevista.

A outra situação difícil para o entrevistador se produz quando o *convidado* é por demais *lacônico* em suas respostas. Neste caso, a entrevista perde ritmo ou se converte em pingue-pongue cansativo. Para romper esta dinâmica, muitas vezes dá resultado perguntar o motivo de suas afirmativas, pedir uma justificação ou expor uma tese contrária.

A *duração* das entrevistas, além da necessidade da programação, vem determinada pelo interesse que nunca deve se esgotar. Evitaremos que a entrevista morra de pé. Para isso, convém observar que as entrevistas desenvolvem uma curva de interesse que aumenta progressivamente a partir do seu início. A curva chega ao ponto máximo de interesse para cair vertiginosamente em seguida. Se nos adiantarmos a esta queda, cortaremos a entrevista justo no ponto de interesse máximo.

Para finalizar, insistimos em que ao largo da entrevista se repetirá o nome do entrevistado várias vezes, pelas razões já expostas, e recordaremos ainda que a brevidade deve caracterizar o início e o encerramento. São totalmente desnecessárias as expressões reiteradas de agradecimento. Os agradecimentos não constituem informação e, em todo caso, devem ser feitos já com os microfones desligados.

Neste capítulo preferimos colocar os exemplos no fim, devido a sua extensão.

O que segue é um exemplo da entrevista informativa que nunca deveria ter sido levada ao ar:

Entrevistador: Minutos antes das duas da tarde iniciamos a conversa, desde Prado del Rey, com o porta-voz de Iberduero, na capital de Vizcaia. Assim expressava o clima de impaciência e tristeza este autorizado porta-voz.

Personagem: Ehhh, ehhh, no princípio o comitê pensou como, como fazer um, um, uma ação para mostrar à opinião pública, e colocando condições para, para chegar à ETA desta maneira, não é?

E: Sim.

P: Então vimos que isto era impossível para qualquer ajuda real. Estamos pensando em manter uma série de, de, de...

E: Tomar outras medidas...

P: Sim... em etapas, não é?

E: Sim.

P: ... é claro, e então, então, então, são coisas que se decidem aqui mas é preciso fazê-las junto com a empresa...

E: Sim.

P: E agora precisamente, uma representação de, de, centrais sindicais, então, foram falar com a alta direção e propor, enfim, ainda é assim, um pouquinho cedo...

E: Sim.

P: ... para contar alguma coisa...

E: Sim.

P: ... e para dizer alguma coisa.

E: Sim.

P: Ehhh.

E: Vocês confiavam que sua gestão podia conduzir à liberação do senhor Ryan?

P: Pois, ehhh, a verdade é que sim. Vamos, ehhh, todos e cada um tínhamos assim particularmente, pois... não sei... a coisa de que Ryan poderia ser libertado. Mas vamos, pois, ehhh, tivemos uma desagradável surpresa, pois não sei... quando, quando nos inteiramos...

E: Sim.

P: E mais, assim, depois de, de vermos a carta dos duzentos e cinqüenta técnicos de Lemóniz...

E: Sim.

P: Eh! Pois haviam estabelecido um plano de parar a central nuclear, ou seja, ehhh, a colocação em marcha da central nuclear...

E: Sim.

P: Pois com, com um, com um referendo, ehhh, convocado por, pelo governo basco. Ehhh?

E: Sim.

P: Enfim, de acordo com, com Iberduero, claro, que também tem algo que...

E: Sim.

P: ... que opinar a esse respeito, não é?

E: Sim.

P: ... nós temos toda a sensação de que a direção está, enfim, muito, muito sensibilizada e, e, não, não, creio que colocaria obstruções a...

E: Sim.

P: ... a, a tudo isso...

E: Deste ponto de vista...

P: ...estamos trabalhando conjuntamente...

E: ·Sim.

P: ... a direção por um lado e o comitê por outro, não é? Ehhh?

E: Sim.

P: ... então, humm, agora precisamente, estará humm, se está tratando disso, ehhh?

E: Muito bem.

P: Não se preocupem vocês que...

E: Sim.

P: ... quando soubermos de algo mais, ehhh?

E: Sim.

P: ... serão os primeiros que, que vão conhecer a, a, solução. Eh?

E: Muito bem. Muito obrigado!

Diário falado das duas da tarde da R.N.E.
7 de fevereiro de 1981

Esta entrevista havia sido gravada anteriormente, ou seja, o locutor sabia quais condições de irradiação tinha antes de decidir pela sua colocação no ar, o que a faz ainda mais incompreensível.

Se nos encontramos ante uma situação semelhante tentaremos repetir a gravação. Quando não for possível repeti-la aproveitaremos algum fragmento que reúna as condições mínima e juntamos uma informação com citações. Somente deve-se emitir em caso de tratar-se de um documento histórico de incalculável valor.

O exemplo nos leva a fazer outra consideração. Quando se realiza uma *entrevista por telefone*, o jornalista deve evitar todos os tiques das conversações telefônicas, tais como ir assentindo ou confirmando com um ou outro comentário o que diz o personagem. Estes recursos são confirmações que querem mostrar ao nosso interlocutor que seguimos escutando, mas não são válidos para as entrevistas informativas. Sua utilização, como no exemplo, é um autêntico "ruído".

Outro dos tiques a evitar é o de tomar um *tom* como se estivéssemos nos dirigindo a uma pessoa que se encontra muito longe e nos comunicamos com ela aos gritos. Este tom é muito desagradável.

Nas entrevistas por telefone devem ser observadas as mesmas *normas estéticas* de realização que em uma entrevista em estúdio, com a dificuldade suplementar que representa a não-visualização do personagem.

O exemplo seguinte corresponde também à entrevista informativa. Este caso deve ser evitado a partir das primeiras perguntas, já que todas as questões foram respondidas nas primeiras palavras. Fica a sensação de que a insistência do jornalista se deve a não ter escutado as respostas.

Por outro lado, em uma entrevista do modelo informativo não se pode fazer encerramentos tão longos; e, em qualquer caso, recordamos que sua função teórica é a "redundância", pela qual "deve-se destacar o dado ou dados mais importantes" entre os fornecidos pelo personagem.

Entrevistador: Ao vivo, temos, como você diz, em nosso programa, um representante dos trabalhadores de Iberduero, o mais... os mais diretamente afetados por esta canalhada dos terroristas da ETA, matando o senhor Ryan. Qual é a sua opinião sobre este bárbaro assassinato?

Personagem: Bom, podemos lhe antecipar que Iberduero está de luto oficialmente, ehhh, vai-se criar, foi criado já um comitê que está estudando com a direção as possíveis ações a efetuar para conscientizar a opinião pública, ehhh, e neste momento estamos ainda criando uma série de movimentos, ehhh, estamos um tanto desconcertados e, sobretudo, principalmente ante o último comunicado da ETA, que ameaça claramente até o resto do pessoal de Iberduero.

E: Qual o estado de ânimo do pessoal de Iberduero?

P: Bom, neste momento o pessoal está de luto oficial. Quer dizer, está triste e talvez digamos que, que está, assim, não sei, um tanto desconcertado.

E: Há medo?

P: Sim?

E: Perdão: vocês têm medo?

P: Bom, medo... Estamos todos colocados na lista, eles o disseram claramente, que estamos todos. E medo não se pode dizer que tenhamos, mas sim estamos um pouco assustados, não é?

E: As obras serão suspensas?

P: Não pensamos que, que, este comitê vai estudar com a direção e vamos, ehhh, de alguma forma, esperar os resultados de, dos partidos políticos e dos organismos competentes que se decidam quanto a um referendo ou a linha de atuação a levar. Respeitaremos todas as normas que ditem as instituições legais atuais existentes.

E: Você poderia nos dizer a opinião que há entre os trabalhadores de Iberduero sobre a atuação da ETA?

P: A atuação da ETA?

E: Sim.

P: Ahhh, demente! Para nós foi demente. José Maria é um trabalhador qualificado, é uma pessoa, um grande técnico, mas é um trabalhador, vamos!

E: Ou seja, isso de que a ETA defende os trabalhadores é uma mentira.

P: Sim. Para nós, sim. Desde já está claríssimo. O que gostaríamos é de convencer o povo disto, e de que a ETA não está o mínimo possível defendendo o interesse, nem sequer do povo basco, nem dos trabalhadores.

E: E vocês, como trabalhadores de Iberduero, que pensam dizer a seus colegas, aos milhares de trabalhadores do país basco sobre a atuação da ETA?

P: Bom, nós, nestes momentos, já o disse, este comitê que está neste momento sendo criado tentará conscientizar a todos os trabalhadores de que o problema não é só nosso. Neste momento foi conosco, mas amanhã pode ser com qualquer outro, e neste momento está claro que se está, de uma forma rápida e brutal, descapitalizando todo o país basco.

E: Vocês antes diziam que não tinham medo, mas sim estão um pouco assustados?

P: Sim.

E: Em sua opinião, qual deve ser a resposta que se deve dar à ETA, em princípio?

P: Sim, desculpe. A resposta à ETA?

E: Sim.

P: A nossa, nós podemos dizer que de momento seguiremos trabalhando, e chorando, não é?

E: Chorando.

P: Sim.

E: O senhor Ryan era um grande trabalhador.

P: Sim.

E: E...

P: Nós, de momento, não temos muita intenção de abandonar nosso posto de trabalho. Trabalharemos, mas chorando.

E: Como vocês ouviram, os trabalhadores de Iberduero estão chorando a morte cruel de um bom trabalhador. A dor e a consternação tomou conta da imensa maioria da opinião basca e espanhola ante o grau de crueldade dos terroristas da ETA, que não têm nenhum escrúpulo na hora de assassinar. Os trabalhadores de Iberduero estão redigindo neste momento um comunicado no qual vão pedir às instituições e aos cidadãos que lhes dêem seu apoio frente às ameaças da ETA, ao tempo que agradecem as demonstrações de solidariedade da opinião pública basca para conseguir o que a fúria selvagem e assassina da ETA não permitiu, a liberação do senhor Ryan.

Informativo das 14:30 horas da Cadeia SER
7 de fevereiro de 1981

Damos, finalmente, um exemplo de entrevista informativa em profundidade. É um modelo a evitar. A maioria das perguntas formuladas ao personagem são impertinentes no sentido estrito do termo. O resto das perguntas ou são gerais ou são incompreensíveis em sua formulação.

Dentro dessa entrevista se evidenciam dois fatos a serem evitados, que comentávamos neste capítulo. Trata-se do total desconhecimento do personagem e da considerável falta de preparação do tema.

Primeira Entrevistadora (E1): Estamos, concretamente, no Gabinete Técnico Provincial e Instituto Territorial de Higiene e Segurança do Trabalho. É um instituto que está funcionando há praticamente dez anos, que parece estar funcionando muito bem. Seu diretor-geral, ehhh, senhor G..., é nosso personagem, é quem vai conosco assistir a, a, este... esmiuçamento do tema, porque o mundo do trabalho nos interessa a todos e a razão pela qual o convocamos é porque há... foi celebrado recentemente um seminário, promovido pelo Gabinete Técnico, cujo, ehhh, título geral ou cujo tema geral era "A ergonomia e a humanização do trabalho". Esta série de estudos foi levada a cabo, ehhh, com colaboração hispano-norte-americana. O senhor G... vai nos dizer a princípio... Em princípio vamos saudá-lo: boa-tarde e agradecemos sua presença.

Entrevistado (P): Muito obrigado. Boa-tarde.

E1:... e em primeiro lugar eu perguntaria: que podemos entender por ergonomia? E a partir daí seguiremos com todo o resto...

P: Bom, se interpretamos etimologicamente a palavra ergonomia, não dá uma idéia exata do que pode ser seu conteúdo, ehhh, porque — claro! — falar de normas de trabalho, que seria a tradução quase exata das duas palavras gregas de que se compõe, porque fica um pouco, ehhh, no ar, ehhh, o conteúdo da mesma. No entanto, ehhh, a ergonomia, ehhh, podemos, já que aceito o vocábulo, ehhh, explicá-la como se se tratasse de, ehhh, uma ciência pluridisciplinar que quer a, ehhh, a, ehhh, qualidade de vida, a melhorar é claro e alcançar a maior qualidade de vida do trabalho em termos gerais. Inclusive, inclusive a sonhar com um objetivo final, no qual o trabalho seja gratificante, o trabalho seja, seja, o método ou um dos importantes métodos de realização da pessoa e em definitivo que aumente a felicidade de, ehhh, do homem como trabalhador.

E1: Vocês pretendem que o trabalho, mais do que uma condenação em vida, como rezava a designação divina, possa chegar a constituir uma fonte de felicidade permanente. Mas, se vocês se reuniram em uma mesa-redonda e através de todo um seminário para falar da humanização do trabalho, é porque estamos com condições desumanas de trabalho. Quero entender isso. É assim ou não?

P: Pois é, em grande medida é assim. Esta desumanização do trabalho, ehhh, foi imposta pelos métodos modernos de produção, ehhh, naturalmente por ter a sociedade colocado maior ênfase durante uma época, ehhh, relativamente longa, no incremento da produção, mais do que em, ehhh, mais que em outros objetivos. Aí temos, por exemplo, as duas teorias taylorianas impostas durante muito tempo, ehhh. Tudo aquilo deu lugar a que se falasse da organização científica do trabalho. Mas a organização científica foi evidentemente dirigida ao incremento da produção, que se em algum caso houve preocupação de evitar, como muito, a fadiga ou lesões do trabalhador, foi apenas para que a produção aumentasse, mas não buscando como objetivo principal esta melhora das próprias condições do trabalhador.

E1: Devemos entender, então, que o desenvolvimento tecnológico ao qual a humanidade está assistindo já desde há alguns anos não soube se dirigir a que as condições de trabalho sejam ótimas, e sim unicamente a conseguir uma produção maior. Quer dizer, que não se tem preocupado (ainda que em princípio pareça que um maior desenvolvimento tecnológico tem que permitir melhores condições na temperatura ambiental no local de trabalho, na atenuação do ruído, por exemplo) com as condições ambientais de luz etc. etc. Mas não é assim. Que é que é preciso acontecer para que melhorem as coisas?

P: Bom estas coisas, ehhh. O que precisaria acontecer está acontecendo. O Serviço Social de Higiene e Segurança do Trabalho, ehhh, já começou faz dez anos aproximadamente, como disse muito bem antes, a preocupar-se com o bem-estar do trabalhador, apesar do que se poderia supor, ehhh, como incremento da produção. Se este se produz ou se este se origina, será como conseqüência, mas não como objetivo buscado, ehhh, prioritariamente. Então, ehhh, diríamos que se avançou em círculos concêntricos desde tentativas, ehhh, simplesmente de evitar o acidente (em termos traumáticos ou físicos), se passou a, ehhh, contemplar, ehhh, os aspectos contaminantes de todo tipo no ambiente de trabalho: inclusive — como afirmei muito bem antes — o ruído, a luz etc. Ehhh, avançou-se muito também no aspecto sociológico de, ehhh, o trabalho ou do ambiente que envolve o trabalhador. E, em definitivo, estamos chegando cada vez mais a essa síntese global de tudo isso que mais que prevenção chega a ser, ehhh, o objeto da ergonomia: a busca de, ehhh, uma fonte (inclusive como digo, como objetivo final) de felicidade no trabalho para o trabalhador.

Segunda Entrevistadora (E2): Senhor G... Boa-tarde.

P: Boa-tarde.

E2; A mim me parece muito bem que vocês falem de humanização de um ambiente, segurança no trabalho, que... mas talvez não seria mais interessante falar de que esse homem ou mulher que trabalha seis ou sete horas, que possa descansar o sábado e o domingo, que se esqueça da necessidade de vários empregos e para esquecer-se disso, logicamente, com essas seis ou sete horas diárias em que está trabalhando, permitam a esse trabalhador levar, ehhh, tcht, bom... uma vida economicaaaa suficientementeee boaaa e, e tranqüila. Porque se você for, se você se dirige a essa pessoa que está trabalhando... Há alguns momentos falávamos de um taxista. Como se vai dizer ao taxista (que na melhor das hipóteses leva quatorze horas fechado em seu táxi): veja você, vamos conversar, vamos fazer um seminário para a humanização do trabalho, para que você tenha um ambiente melhor, para que você tenha uma segurança no trabalho. Primeiro, não seria o primeiro. Entende?

P: Bom, isto faz parte... isto faz parte de algo muito concreto que é o aspecto econômico da questão. Não o aspecto econômico de, ehhh, quer dizer, a retribuição do trabalho, o salário mais ou menos justo, ehhh, ajustado também às necessidades e ambições do sujeito trabalhador, o que pode ser objeto diretíssimo da ergonomia, mais que em grande, ehhh, relativa medida, ehhh. A ergonomia não pode se propor a corrigir o sistema econômico, seja quanto a salários exatamente, e muitíssimo menos quanto às aspirações do trabalhador, que podem ser muito diferentes em cada um. Existem os que podem se conformar com determinado nível de receita e os que não. O que pode fazer a ergonomia, até este momento, é simplesmente, ehhh, adaptar, ehhh, a máquina ao homem, em lugar de adaptar o ho-

76

mem à máquina, com isso já conseguimos, ehhh, evitar acidentes na realização do trabalho. Se em um estado mais avançado se consegue mais que as, ehhh, condições (ao mesmo tempo que na mudança do local do trabalho etc. etc.) confiram a um, um grau menor de periculosidade deste trabalho, se está avançando nisso. Siiim, ehhh, em outro círculo concêntrico ampliatório, este, se consegue também que o bairro em que vive o trabalhador, que seja um bairro agradável, com jardins, que tenha solucionado todas aquelas questões que em conjunto a sociedade tem a obrigação de atender, por absoluta necessidade. Mas tudo isso já fica muito fora de, ehhh, do círculo, ehhh, limitativo da de, da ergonomia.

E2: É possível que você — como doutor do Instituto de Higiene e Segurança do Trabalho — colocou logicamente isso tudo à frente do seminário de humanização. Talvez nós, à margem do seu cargo e deste seminário, continuemos pensando que o trabalhador primeiro terá que, ehhh, ao trabalhador, ao homem, ao empregado, ao cidadão, ao pai de família, é preciso alimentar e só depois (uma vez alimentado) dizer: "Bom, agora vamos lhe comprar uma luz especial e vamos e, e, e, para que tenha uma segurança no trabalho, e uma tranqüilidade, um ar-condicionado e uma boa cadeira etc. etc.''. Mas talvez você tenha razão também, senhor G..., trata-se de atacar em várias frentes...

P: Claro!

E2: Para que consiga uma humanização, para que consiga um bem-estar, para, econômico ou cultural, inclusive etc. etc. é possível?

P: Sim, sim. Evidentemente, é assim. Ehhh, a parte que a nós nos toca nós tratamos de fazer, ehhh. Tenha em conta que a, a, a questão econômica, ehhh, nós não podemos desenvolver nenhum tipo de ciência de prevenção contra essa relativa, digamos, pobreza.

E2: Você... Claro, a pergunta é muito fácil; a resposta talvez seja bem mais difícil. Se, em geral — e é bem fácil perguntar coisas gerais, não é? —, o cidadão espanhol, o trabalhador espanhol atua com suficiente incentivo para, tcht, quando chegar em sua casa, emmm, mmm, que chegue com uma cara, com um sorriso, que possa beijar seus filhos e que possa saudar amavelmente a, a, sua mulher ou não, ou não tem incentivos suficiente para que isso se produza?

P: Bom, isto — insisto novamente — fica fora do campo de investigação da ergonomia em si. Esta é outra questão. É uma questão que afeta a organização econômico-social, e nós nos limitamos a supor que são por causa de alguns, algum, alguma, alguns condicionamentos de tipo econômico, pois dentro desses condicionamentos pretendemos fazer a vida mais agradável ao trabalhador. O resto não tem relação conosco; senão teríamos que reunir nesta ciência também toda a ciência do capital, toda a ciência da política e tantíssimas outras coisas que não sabemos se realmente conseguiríamos constituir uma ciência tão complexa.

E1; Senhor G... por mim eu gostaria que começássemos a concretizar, porque temo que falar do trabalho em geral é falar pouco. Talvez tivéssemos que dividir entre trabalhos de internos, por exemplo, e trabalhos de externos, em que as condições ambientais não são controláveis. Porque é muito fácil acondicionar, ehhh, termicamente um local, é muito fácil também acondicionar as luzes. Mas como se pode acondicionar as condições de trabalho no caso de um mineiro, no caso de uma central nuclear, em que os trabalhadores têm uma exposição clara, no caso de um radiologista, em cujo... em cuja circunstância também está submetido a uma agressão direta e muito clara? Então, isso suponho que também tenham estudado. Nestes casos, que melhoras são possíveis?

P: Existem melhoras de todo o tipo. Por exemplo, no que se refere a condições físicas de trabalho, em, no exterior, ehhh, nosso Centro Nacional de Homologação de Sevilha, homologa constantemente roupas protetoras de todas as possibilidades que podem afetar o trabalhador. Ehhh, ehhh. Quanto às condições ambientais, inclusive em condições ambientais tão duras como pode ser uma mina, como foi citado, ehhh, se desenvolvem todos os sistemas de, ehhh, melhoramento do ambiente, e não somente isso, também quanto ao uso de, de fol... de, de filtros nas máscaras, de filtros especiais etc. etc. Isso se leva com rigor e de acordo com algumas regras internacionais, as quais (em muitos casos) foram estabelecidas pelos, pelos investigadores espanhóis. E quanto à exposição do radiologista, concretamente, por exemplo, nós temos solicitado já repetidas vezes que se dê atenção para as consultas com radiologistas que necessitam em, em, necessitariam do mesmo cuidado que a abertura de novas indústrias, com um certificado de condições de segurança, como temos que dar quando se trata de qualquer outra classe de indústria.

E1: Neste caso no campo. Sim, sim, continuemos.

E2: Sim, desculpe... Sim, desculpe. Um momento, *E1,* é que outro dia recebi — e antes que esqueçamos este tema —, recebi uma chamada de uma senhora dizendo: "perguntem, a quem de direito, se efetivamente quando vamos ao radiologista, as mulheres grávidas, se isso pode afetar ao bebê que carregamos". Eu não sei se o doutor G... tem resposta para isto...

P: Bom, devo dizer, antes de mais nada, que sou doutor em ciências econômicas e não em medicina. De qualquer forma, posso afirmar que parece que sim, que pode haver (ainda que não de uma maneira rápida nem imediata), podem surgir conseqüências, ehhh, em termos gerais. Não somente no caso do estado especial dessa senhora, e sim no de qualquer enfermo, ao submeter-se a, ehhh, a, ehhh, a, a, observações, ehhh, ehhh, radiológicas freqüentes, é já, mmm, um problema que está começando a ser abordado claramente. Assim temos nosso pessoal, por exemplo — como sucede na maioria ou em todos os..., as clínicas, hospitais e outros —, que têm sempre um medidor de radiações, medidor que se envia à Junta de Energia Nuclear para que se determine se realmente está chegando, ou não, aos limites que podem ser toleráveis para o pessoal que está submetido a essa classe de trabalho.

E1: Eu perguntava quais são as, os, os aspectos, por exemplo, nos trabalhos do campo?

P: Nos trabalhos de campo também tem havido um trabalho intenso. Agora mesmo estamos preparando, ehhh, alguns cursos a pedido do Conselho da Generalitat da Catalunha, desde proteções físicas, também (como são as de haver imposto determinadas proteções aos construtores de tratores e de máquinas), a... Ehhh, naturalmente, existe o problema grave da, da contaminação pelo, por produtos que não sejam pesticidas ou os inseticidas praticamente não existem. Apesar disso, também da mesma forma que se está fazendo — e temos um acordo com o organismo correspondente — a revisão periódica de todos os silos, ehhh, onde armazenam cereais, em razão de uma, ehhh, ou outra catástrofe que tenha havido neste tipo de estabelecimento. Quer dizer, nossa ação alcança também o campo e nossa ação formativa também.

E1: Este simpósio que foi de colaboração hispano-norte-americana, a... e, imagino que os norte-americanos teriam muito que dizer sobre isso, e suas colocações devem ter sido muitas, ehhh. São diferentes com respeito às espanholas ou não existem tantas diferenças como parece a princípio?

P: Sempre que se reúnem expertos de, ehhh, em uma matéria concreta, pois é claro que há um intercâmbio bom agora, ehhh, podemos, ehhh, ehhh, estar francamente orgulhosos de que a ergonomia espanhola alcançou um nível que em absoluto está abaixo do que nos mostrou os especialistas dos Estados Unidos. Ehhh, talvez, me atreveria a afirmar — ainda que pareça um pouco imodesto — que nossos especialistas estão em, em termos, ehhh, científicos, ehhh, mais avançados ainda que eles e unicamente ocorre que eles possuem um campo de experimentação muito maior, muitíssimo maior número de indústrias, indústrias de tamanho infinitamente maior e, é claro, condições de observação que a nós não nos, não nos são dadas.

E2: Sim, doutor G... Vamos encerrar. Você falou de sistemas de proteção. Vamos abandonar o campo. Vamos situar-nos na cidade, com os pedreiros, por exemplo, ehhh, com os empregados da construção. Todos sabemos que existem ordens para que estes pedreiros, estes empregados usem capacete, mas me parece que esta ordem é desobedecida por uma porcentagem bastante elevada. Então... Como está isto? Como, como, que convite poderia vocé fazer, você ao mundo trabalhador (concretamente o da construção) para que não sejam omissos diante dessa ordem?

P: Bem, ehhh. É verdade que existem alguns casos — não tantos talvez quanto parece — em que se descuida desta proteção elementar e inclusive por parte das empresas existem outras como as redes de proteção, como o corrimão etc. etc. Mas gostaria de assinalar uma coisa: o Serviço Social de Higiene e Segurança do Trabalho não é — e não deve ser nunca — um organismo fiscalizador neste sentido, nem muito menos coativo, porque então perderia a neutralidade eficaz que deve ter todo, todo organismo que está dedicado à investigação. Ehhh, o, a investigação que realiza este serviço é a que se há de traduzir (e assim o faz) em proteção e em fonte de direito positivo, mas o legislador — e também os organismos de aplicação e sanção — são os que devem estar encarregados disso. Em definitivo, creio que nós (além de, ehhh, as proteções, mmm, que imaginamos depois da investigação; quer dizer, depois de as possíveis relações de causa e efeito entre o ambiente em que se desenvolve o trabalho e as possíveis lesões de todo tipo que pode sofrer o trabalhador), depois disto, ehhh, são os organismos legislativos e administrativos sancionadores os que devem atuar. O nosso, sobre todo o resto, é o de criar uma atitude frente ao risco. Quer dizer, conscientizar, e nisto está nosso Departamento de Formação trabalhando intensamente: ehhh, conscientizar o trabalhador e ao empresário de que deve estar sempre presente, ehhh, deve ter sempre em conta, a possibilidade do risco, inclusive intuí-lo quando ainda não tenha se manifestado.

E2: Você tem estatísticas, senhor G... — e com isso já o, o deixamos, porque deve ter outras coisas importantes para atender — do número de milhões de pesetas que se perdem por causa de acidentes, acidentes de trabalho e por não, não tomar a sério essas considerações e essas advertências para, bom, colocar o capacete ou para colocar a...?

P: Pois... Neste momento, números em pesetas não, não, não posso dar. Teria que consultar estatísticas que, se temos, serão de acidentes ocorridos, de perdas de horas de trabalho. É muito complexo fixar um número porque as contribuições nos distintos setores são muito diferentes e piores entre os que os sofrem. Por outro lado, pense em uma coisa: quando se fala de diminuição de acidentes de, de... bom, melhor dito, de se... de acidentes, em termos amplos de trabalho, temos que levar em conta que, ehhh, uma pequena diminuição na estatística pode supor uma diminuição muito grande na realidade. Porque o que faz nove anos ainda, nem sequer se pensava como risco, depois se descobriu — graças precisamente à investigação do Serviço — que é fonte de acidentes e então aquilo não entrava nas estatísticas, mas estão entrando nas novas.

E2: Ao fim, não nos disse o doutor G... o número de milhões de pesetas que custam os acidentes...

P: Pois é, realmente, porque neste momento, não, não, não tenho preparada nenhuma estatística.

E2: Mas podem ser cem mil milhões de pesetas?

P: Podem ser mais, inclusive... Tudo depende de se nisso contabilizamos também o custo social que supõe o fato de que uma pessoa fique sem trabalhar um determinado número de dias ou fique inutilizado para o trabalho o resto da vida.

E1: E2, Se tivéssemos uns dois minutos, eu gostaria de formular uma última pergunta. É possível?

E2: Pois não, seg... enfim, é que estou preocupado porque o suplente do alcaide da Câmara Municipal de Barcelona está lhe esperando desde as quatro da tarde, E1.

E1: Bem...

E2: Eeg.

E1: Pois então, em outra ocasião, porque creio que são coisas de interesse geral e é possível que zaxtrapadumnb.

E2: Em frente, em frente, em frente! Em frente com essa pergunta e com essa resposta.

E1: Unicamente gostaria que nos dissesse brevemente, além das condições, das condições, ehhh, e das agressões físicas que se podem produzir para que haja uma boa disposição psicológica do trabalhador, qual é a cor adequada, por exemplo, no local de trabalho?

P: Sim.

E1: A cor por um lado, o tipo de luz por outro, e se você é ou não partidário da ambientação musical.

P: Quanto à ambientação musical, não poderia, não poderia, não poderia pronunciar, ehhh, emm, por, porque depende do tipo de trabalho. Pode inclusive ser contraproducente. Quanto aos demais, ehhh, evidentemente em cada caso é claro que, ehhh — se a cor influi — o verde, o branco e o amarelo são cores que, ehhh, em termos gerais, se admite como bem satisfatório, ainda que sobre isto os psicólogos tenham a última palavra.

E1: E quanto à luz clássica fluorescente, lhe parece ou não aconselhável?

P: Depende também de, de, a, do trabalho. A luz fluorescente depende de como está depurada, depende da intensidade com que chegue ao local de trabalho exatamente e, e, inclusive, inclusive se se consegue manter na sombra tudo que não seja o local do trabalho, o que é ainda muitíssimo melhor na maioria dos casos.

E1: De acordo, pois. Muito obrigado.

E2: Obrigado, doutor G...

A toda rádio da Rádio Peninsular de Barcelona
9 de fevereiro de 1981

V. A REPORTAGEM.
TIPOS E FORMAS DE REALIZAÇÃO

A reportagem é o gênero mais rico entre os utilizados no rádio desde a perspectiva informativa. Na prática é o menos utilizado por exigir uma elaboração conscienciosa.

Sua riqueza provém, em primeiro lugar, da ausência de uma estrutura rígida neste gênero, o que permite a intervenção da criatividade em uma grande medida, sem esquecer que se trata de uma narração de caráter informativo.

Toda reportagem é, em definitivo, uma agrupação de representações fragmentadas da realidade que em conjunto dão uma idéia global de um tema.

Estas representações fragmentárias compõem um fio condutor que é o fato central. Ao fato central se juntam aos poucos outras representações fragmentadas de fatos adjacentes, que contribuem para a compreensão do tema.

Na exposição, o fato central (sua ação) tem uma presença permanente e os adjacentes saem alternada e complementariamente.

Tipos de reportagens

Na reportagem radiofônica se pode estabelecer uma

primeira divisão indiscutível: reportagem simultânea e reportagem diferida. Esta divisão influi fundamentalmente na forma de realização que exige cada uma.

A *reportagem simultânea* se realiza ao vivo e a criação é executada paralelamente ao desenrolar da ação reportada. O eixo criativo é dado pela própria ação que faz de fio condutor da narração.

Neste tipo, trabalha-se sobre a marcha dos acontecimentos, e o jornalista deve selecionar constantemente aquelas representações fragmentárias mais significativas. Isto obriga a um exercício de valoração constante. Em função dessa valoração jornalística desprezarão algumas amostras e se incluirão outras do grande caudal de fatos que desencadeiam a ação.

A grande vantagem das reportagens simultâneas é o sentido de participação nos fatos que produz no ouvinte. Este sentido vem em primeiro lugar pelo ambiente acústico ou cenário sonoro da ação, que transmite com grande riqueza de matizes o ambiente e outras amostras sonoras definidoras e insubstituível pela narração verbal.

O ambiente acústico provoca uma cascata de imagens sonoras que solicitam a intervenção da criatividade e da imaginação do ouvinte para traduzi-las em imagens visuais particulares.

Contribui, além disso, para provocar essa sensação de participação, aquela narração criativa na qual, mais que expor sentimentos próprios, deve provocar estes no ouvinte.

A narração na reportagem simultânea é forçosamente improvisada e, por isso, muito difícil. É fundamental um conhecimento profundo do tema a tratar, para evitar uma narração cheia de lugares-comuns e frases grandiloqüentes de uma mínima informação.

A tensão da ação é incontrolável para o jornalista e, em muitas ocasiões, imprevisível. A curva descrita pela tensão de uma ação tem cristas irregulares e de freqüência variável. A curva de tensão da reportagem — determinante na manutenção do interesse — deve ter algumas variações menos pronunciadas, se bem que tampouco constantes, com o que se permite fluxos e refluxos na atenção.

Se sobrepomos as duas curvas veremos que existe uma alternância que cria alguns vazios de tensão. Estes vazios devem ser preenchidos para manter a atenção. Aí, precisamente, têm validade os fatos adjacentes, os precedentes e os dados complementares que ajudam à compreensão do fato ou ação central, dando assim um sentido informativo amplo ao gênero.

Se esses vazios são preenchidos (como é freqüente) com frases vazias e de bela sonoridade, mas que não transportam mais do que observações óbvias e descrições repetitivas, conduzem inevitavelmente a uma queda na curva de interesse da reportagem que leva a ocasiões sem conserto.

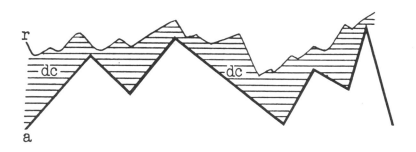

A = Tensão da ação
D.C. = Dados complementares
R = Tensão da reportagem

Para evitar o perigo antes descrito, deve-se preparar a realização destas reportagens com uma base documental muito superior à que depois empregaremos.

Com o fim de poder recolher o maior número de representações fragmentadas, é conveniente conhecer de antemão o cenário físico de onde se desenvolverá a ação, assim como manter contatos prévios com os diversos protagonistas com o fim de ter acesso a eles em pleno trabalho.

O conhecimento do cenário deve complementar-se com o de recursos técnicos disponíveis. Este tipo de reportagem costuma realizar-se desde uma unidade móvel ou a partir de um posto fixo através de linhas de rádio ou telefônicas. Sem conhecer as possibilidades e limitações reais, todo o trabalho pode se perder. A falta de alguns metros de cabo no microfone pode impedir o acesso a uma fonte que poderia proporcionar dados de interesse para a reportagem; um microfone mal escolhido pode esconder grande quantidade de dados que seriam mostrados pelo ambiente acústico; uma má colocação da unidade móvel pode ser desastrosa durante o desenrolar da ação etc.

A reportagem simultânea tem uma estrutura variável segundo seja o desenvolvimento dos fatos. De forma que os tipos são infinitos. Só existe uma constante em todos eles: a ação determina o ritmo da reportagem e é a espinha dorsal da mesma.

Na narração o estilo será simples, com vocabulário de uso corrente. Em definitivo, apesar de ser improvisado (ou precisamente por isso) deve seguir a estrutura da redação radiofônica.

Este gênero, como nenhum outro, exige a utilização da "linguagem radiofônica" no sentido dado ao termo no capítulo III. Neste sentido, o jornalista deve selecionar todas as mostras sonoras da ação capazes de transportar informação, reduzindo assim sua intervenção ao mínimo imprescindível. Por outro lado, sua situação no seio da ação facilita o acesso às fontes, permitindo que elas expressem todas as informações possíveis.

As entrevistas no seio da reportagem não têm entidade em si mesmas e fazem o papel da citação "com voz". Por isso não se deve abusar de sua duração, a fim de evitar desincronização entre a tensão da ação e a da reportagem, o que produz uma falta de ritmo e diminui as possibilidades de seguir os fatos.

Uma última chamada de atenção ante a narração improvisada que obriga a reportagem simultânea. É preciso realizar um esforço suplementar para evitar a repetição inconsciente de alguns termos ou vícios que serão desagradáveis para o ouvinte.

A *reportagem diferida* permite a montagem. Portanto, a seleção das representações fragmentadas da realidade se faz após o conhecimento da ação, uma vez que esta tenha sido concluída.

O ordenamento das representações não precisa seguir uma seqüência cronológica, mas uma ordem lógica que facilite a compreensão do fato. A síntese é a principal vantagem da reportagem diferida.

Este tipo de reportagem permite reproduzir os acontecimentos com a menor intervenção explícita do jornalista. Este selecionará as amostras e as ordenará de forma que transmita ao público, em poucos minutos, a idéia de uma ação desenvolvida em frações de tempo muito superiores, e sem esconder informação.

Na seleção deve procurar incluir ao máximo o som ambiente, que favorece a compreensibilidade, provoca a intervenção da imaginação do ouvinte e, sobretudo, dá credibilidade à informação. Por outro lado, estes elementos dão dinamismo e ritmo à reportagem.

Outro elemento facilitador do aprofundamento informativo deste tipo de reportagem é a possibilidade de incluir intervenções produzidas e buscadas à margem daquelas provocadas pela ação ou fato central. Aqui têm espaço as opiniões dos especialistas, ou o contraste entre os afetados pelos fatos e os ausentes do acontecimento.

Seria um erro pensar que este tipo de reportagem não precisa de preparação. Pelo contrário, chegar ao local dos fatos com uma idéia aproximada da transcendência, os antecedentes e as conseqüências dos fatos que se produzirão ajuda a selecionar os fragmentos interessantes. Se não se faz assim, o jornalista se verá imerso em um mar de dados desnecessários que atrasarão muito a realização da reportagem.

Isto exigiria um tempo de montagem do qual nem sempre se dispõe para a elaboração da informação radiofônica. Se as amostras são excessivas e o trabalho deve fazer-se com rapidez, o resultado freqüentemente será uma reportagem incompleta e pouco representativa dos acontecimentos.

A estrutura das reportagens diferidas é também muito flexível e permite a criatividade máxima. De forma geral, podemos estabelecer três partes: introdução, desenvolvimento e encerramento.

A introdução tem a mesma função que na notícia radiofônica. Em resumo: atrair a atenção sobre o tema.

Os recursos para elaborar a introdução são múltiplos e somente nomearemos alguns deles. A introdução de sumário fornece os dados mais atraentes que conterá a reportagem; a introdução de golpe ressalta o dado mais surpreendente, a situação mais chocante; a introdução de pintura oferece uma descrição colorida; a introdução de contraste, como indica seu nome, levanta os elementos contrapostos que incluem a reportagem e poderia denominar-se também introdução de conflito; a introdução de pergunta inicia a reportagem com uma questão a qual se responde com os dados que contenha no seu desenvolvimento toda a reportagem; a introdução telão de fundo descreve a situação geográfica na qual se encontra a ação; a introdução com a citação ''com voz'' e a com extravagâncias são outras possibilidades.

A partir da introdução, o desenvolvimento ou fio condutor dá a idéia do fato e não sua ação, em contraste com a reportagem simultânea.

O encerramento terá uma função redundante que conterá o elemento ou elementos mais significativos que convém repetir para reforçar a idéia do fato.

A reportagem, gênero tão ausente de nosso rádio informativo, é por suas características um gênero que convém utilizar mais vezes, na perspectiva de um rádio informativo total.

VI. FÓRMULAS PARA ORGANIZAR O DEBATE NO RÁDIO

O objetivo fundamental do debate em suas diversas formas consiste em fornecer dados à opinião pública sobre temas que a afetem diretamente. Este tratamento costuma ter bons resultados naquelas ocasiões em que a polêmica gira em torno de um tema que afeta diretamente a vida cotidiana.

O debate radiofônico pode-se apresentar em quatro formas: a mesa-redonda, o debate, o documentário e as entrevistas.

A mesa-redonda

A fórmula mais completa, dinâmica, ágil e atraente de polemizar no rádio é a mesa-redonda. Nela participam representantes de diversos pontos de vista sobre o tema a ser debatido. Os pontos de vista expostos podem ser contrapostos ou complementares.

O jornalista tem um papel fundamental na mesa-redonda. Em primeiro lugar selecionando aqueles personagens mais representativos, que tenham mais informação e por sua vez tragam maior interesse à mesa-redonda.

Este gênero somente costuma acontecer ao vivo e no caso de ser gravado não deve ser montado. Assim, para efeito de realização, deve-se considerar sempre ao vivo. Esta característica exige um conhecimento profundo do tema por parte do jornalista. Do contrário, corre-se o risco de acabar a mesa-redonda sem se tratar o tema que a originou.

O jornalista na mesa-redonda faz o papel de moderador e de sua eficiência em tal papel dependerá o êxito da mesma. Abre-se a mesa-redonda com uma introdução ao tema, breve e sugestiva. Depois dela, tem lugar a identificação dos participantes e a justificação de sua presença. Na maioria dos casos seus cargos já servem de justificativa. Tudo isso deve ser rápido e conciso.

A continuação se dá com uma primeira rodada de exposições, na qual os convidados se definem sobre o tema tratado. Esta exposição deve ser breve e com um tempo máximo igual para todos. Nem sempre é necessário que intervenham todos os convidados nesta rodada. No caso de estar presentes duas posturas muito bem definidas, bastará que a exponha um representante por postura.

Depois da primeira exposição se abrirá um turno de refutações, se for necessário. A partir daí as intervenções não seguem uma ordem rígida, ainda que isso dependa do desenvolvimento da discussão. O moderador dará espaço para as intervenções e dele dependerá a fluidez, que nenhum convidado monopolize o microfone e que o tema não se desvie.

Em geral, os participantes, por serem especialistas ou partidários, tendem a intervir com freqüência e com extensão. O moderador deve ter cuidado para que estas intervenções se produzam nos momentos de desenvolvimento lógico do discurso, a fim de evitar a dispersão. Solicitará, além disso, a cada momento a opinião do personagem que presumivelmente possa matizar os dados levantados em outras intervenções e pedirá explicações sobre as teses pouco documentadas ou aventadas.

92

O moderador não participa no debate com sua opinião pessoal. Isso não impede que formule alguma tese sobre a qual pede que os convidados se definam. A introdução gradual de novos aspectos na mesa também é responsabilidade sua e não deixará que o tema central se perca. Não obstante, esgotará as questões colaterais que, sendo mencionadas, representem um filão interessante.

O domínio do veículo que deve possuir o jornalista o colocará em disposição de controlar a dinâmica do grupo, evitando assim uma expressão caótica que represente um "ruído" para a mensagem. Permitirá que a intervenção livre dos personagens se dê em uma ordem lógica; desta forma a mesa ganha agilidade e sua atuação se limitará a identificar os interventores, se for preciso. A identificação deve ser uma constante ao largo da mesa, já que as opiniões expressadas têm um efeito diferente, segundo quem as expressa.

O moderador encerrará a mesa-redonda com uma síntese de onde se exponha com clareza as conclusões a que se haja podido chegar ou um breve resumo das posições encontradas que se mantenham.

O debate

O debate é a forma mais viva da polêmica. Nele se produz um enfrentamento aberto de duas posturas opostas. Do debate devem surgir os dados necessários para justificar cada postura e, em conseqüência, para esclarecer o tema polêmico. Do resultado do debate surgirá o posicionamento do público ao lado de uma postura ou de outra. Este posicionamento nem sempre é definido ou definitivo.

O jornalista apresenta o tema brevemente e identifica os opositores. Depois de uma rodada inicial de exposição de posturas, na qual ambos os convidados dispõem do mesmo tempo, vão-se introduzindo os diversos aspectos do tema nos quais existe desacordo.

As refutações têm um papel primordial e, caso não surjam espontaneidade, devem ser reclamadas pelo moderador. A vivacidade do gênero reside precisamente no enfrentamento dialético, e por isso não apenas não se deve cortá-lo, mas sim reforçá-lo. Para isso é imprescindível que o jornalista conheça a fundo os argumentos que esgrimem cada um dos convidados.

O moderador distribuirá de forma flexível o tempo. A quantidade de tempo disponível para cada postura não tem por que ser necessariamente idêntica. Dependerá da fluidez expressiva de cada candidato. A medida deve depender mais da quantidade de dados fornecidos em cada intervenção do que do tempo que se leva em expressá-los. Evidentemente, não pode haver um grande desequilíbrio, mas tampouco deve-se ser rígido na distribuição.

O jornalista não tomará parte em nenhuma circunstância já que perderia o papel que lhe corresponde no gênero: o de mediador. Seu êxito consistirá em provocar um enfrentamento vivo entre os convidados.

Para finalizar, dará brevemente conta das conclusões que puderam surgir do debate e, no caso de que estejam ausentes os debatedores, resumirá os pontos fundamentais de cada postura.

O papel do moderador nos casos expostos é de vital importância para a obtenção de um bom resultado. Esta função é sumamente difícil. Somente o domínio do meio e do tema, a documentação e o conhecimento das teses dos debatedores pode facilitar-lhe o trabalho.

O documentário

Outra fórmula de apresentação da polêmica é o documentário. Neste a polêmica reside no tema, não no enfrentamento. Ao contrário dos anteriores, este gênero se realiza em *diferido*, e por isso permite a montagem.

Através do documentário trata-se de levantar os dados explicativos do tema polêmico ou da documentação das opiniões opostas.

O documentário levanta os dados reunidos no cenário dos fatos e contém multiplicidade de opiniões de protagonistas ou de especialistas. Sua ordenação (seguindo a regra de reportagem diferida) permitirá levar à opinião pública os elementos necessários para tormar partido ante o tema.

O jornalista tampouco expressa opiniões particulares neste gênero, mas expõe os dados necessários para que o ouvinte forme sua própria opinião. Por outro lado, corresponde a ele dar lugar às opiniões opostas e à expressão dos dados que se desprendem de sua intervenção.

As entrevistas

Finalmente, a polêmica pode ser veiculada através de diversas fórmulas com entrevista.

Para sua grande realização serve todo o dito sobre a entrevista, mas há mais.

Em primeiro lugar, consideremos o caso de um tema polêmico no qual os representantes de cada ponto de vista não aceitam o enfrentamento. Realizam-se pequenas entrevistas que posteriormente se montam, fazendo coincidir sucessivamente as opiniões contrapostas e suas justificativas de forma que o ouvinte tenha acesso às duas posturas de forma conjunta e comparativa. Isto o ajuda a relacionar os dados.

Outro caso de polêmica com entrevistas se dá quando sobre um mesmo tema se realizam entrevistas com os representantes dos diversos pontos de vista e se programam em dias sucessivos. Esta fórmula obriga o ouvinte a escutar todas as entrevistas para ter uma visão global do tema. Por outro lado, o obriga também a fazer um esforço de síntese e inter-relação.

Outra possibilidade consiste em realizar uma entrevista com o representante qualificado do tema polêmico e, após ela, dar oportunidade aos ouvintes para exporem suas opiniões. Neste caso, o ouvinte e o personagem não dialogam.

E, finalmente, se dá o caso no qual participam os ouvintes com suas perguntas por telefone ou no estúdio. O jornalista, nesse caso, além de formular as perguntas, dá espaço aos ouvintes e tenta fazer com que o convidado responda às questões formuladas pelos ouvintes de forma que não saia com evasivas.

Estas são as fórmulas mais utilizadas, ainda que não as únicas. As possibilidades são múltiplas, mas todas se movem em esquemas semelhantes.

VII. A CRÔNICA

A crônica desapareceu como gênero informativo. No rádio chama-se crônica a dois tipos de informação.

Um é a *informação dos correspondentes*, que não tem razão alguma para que não se adote qualquer das estruturas que oferecem os diversos gêneros informativos radiofônicos. Em sua formulação clássica, o correspondente — que geralmente passa a "crônica" por telefone — oferece uma narrativa dos fatos noticiosos que foram produzidos no âmbito social e geográfico que cobre.

O discurso costuma ser não-radiofônico em sua construção gramatical, em sua linguagem e em sua expressão oral, já que sua transmissão telefônica inclina habitualmente o correspondente a adotar um tom de estória transmitida a distância.

Para evitar o monólogo que representa este tipo de crônica, se recorre em algum ponto à sua transformação em um diálogo entre o estúdio central e o correspondente, de forma que se ganha naturalidade e dinamismo.

A outra fórmula de "crônica" é a realizada por um *comentarista especializado desde o local dos fatos*. Costuma ser uma ampliação informativa, que levanta dados, colorido e anedotas à informação elaborada desde a redação. Inclui citações e som ambiente, e a informação é valorizada não pessoalmente, e sim em função das fontes explicitadas.

A introdução da crônica levanta sempre o dado mais novo e assim resume e facilita os dados novos ou complementares à informação fornecida pela emissora antes de entrar no ar o informante destacado no lugar dos fatos. Uma resolução atraente porá ponto final a este tipo de crônica que em rádio tem em definitivo um caráter ilustrador e formador de opinião.

VIII. A PESQUISA

"A pesquisa é a tentativa de constatar um estado de opinião entre os componentes individuais de uma sociedade."(Faus, 1973:335)

A utilização jornalística da pesquisa é uma fraude, pois nem os meios nem a metodologia oferecem garantias científicas. Uma coisa bem diferente são os estudos sociológicos à base de pesquisas, que podem ser levados ao público através do jornalismo.

Sua utilização no rádio somente está justificada como ilustração fragmentária, como imagem curiosa, que poderia incluir-se em uma mesa-redonda, inclusive em uma entrevista de caráter, atuando como elemento dinamizador e agilizador dos gêneros de referência.

Como gênero não tem espaço no rádio nem no caso de que fosse realizado com metodologia científica, já que seria monótona a exposição dos resultados.

Ou seja, não existe a pesquisa como gênero informativo radiofônico.

BIBLIOGRAFIA

Charnley, Mitchell V., *Periodismo informativo*. Buenos Aires, 1971.

Dovifat, Emil, *Periodismo 1 y 2*, México: Uteha, 1959.

Faus, Angel, *La radio: introducción a un medio desconocido*. Madri: Guadiana, 1973.

Fontcuberta, Mar, *Estructura de la noticia periodística*. Barcelona: ATE, 1980.

Gadda, G. E., *Norme per la redaziones di un testo radiofonico*. Torino: Eri, 1973.

Gregorio, Domenico De, *Metodología del Periodismo*. Madri: Rialp, 1966.

Martínez, Albertos, J. L., *El mensaje informativo. Periodismo em radio, televisión y cine*. Barcelona: ATE, 1977.

Martínez, Albertos, J. L., *La información en una sociedad industrial*. Madri: Tecnos, 1972.

Newman, J. F., *Periodismo radiofónico*. México: Limusa-Wiley, 1966.

Núñez Ladeveze, Luis, *El lenguaje de los "media"*. Madri: Pirámide, 1979.

Orive, Pedro, *Estructura de la información periodística: aproximación al concepto y su metodología*. I. Madri, Pirámide, 1977.

Orive, Pedro, *Estructura de la información: comunicación y sociedad democrática*. II. Madri: Pirámide, 1978.

Ortego, José, *Notícias, actualidad, información*. Pamplona: Eunsa, 1966.

Prado, Emili, "El desenvolupament de les ràdios lliures a Espanya", en *Anàlisi, Quaderns de comunicació i cultura*, n.º 1. Department de Teoria de la Comunicació. UAB. Barcelona: 1980.

Prado, Emili, "El movimiento por la libertad de emisión en España", en *De las ondas rojas a las radios libres*. Unis Bossets (ed.). Barcelona: Gili, 1981.

Secanella, Petra M., *El lid: fórmula inicial de la noticia*. Barcelona: ATE, 1980.

Sheehan, Paul V., *Repertorial Writing*. Nova York, Chilton Book, 1972.

IMPRESSO NA
sumago gráfica editorial ltda
rua itauna, 789 vila maria
02111-031 são paulo sp
telefax 11 **6955 5636**
sumago@terra.com.br

GRÁFICA sumago